求医不如求己 治病宜先治心

中国戏剧出版社
CHINA THEATRE PRESS

图书在版编目（CIP）数据

病由心灭 / 周行著. ——北京：中国戏剧出版社，2013.6（2024.8重印）

ISBN 978-7-104-04009-5

Ⅰ．①病… Ⅱ．①周… Ⅲ．①心理状态－自我控制－通俗读物 Ⅳ．①B842.6-49

中国版本图书馆CIP数据核字（2013）第138306号

病由心灭

策　　划：黄艳华
责任编辑：黄艳华
责任印制：冯志强

出版发行	中国戏剧出版社
出 版 人	樊国宾
社　　址	北京市西城区天宁寺前街2号国家音乐产业基地L座
网　　址	www.theatrebook.cn
电　　话	010-63385980（总编室）　010-63381560（发行部）
传　　真	010-63381560

读者服务：010-63381560
邮购地址：北京市西城区天宁寺前街2号国家音乐产业基地L座

印　　刷	三河市腾飞印务有限公司
开　　本	880mm×1230mm　1/32
印　　张	7.25
字　　数	150千
版　　次	2013年6月　北京第1版第1次印刷 2024年8月　北京第1版第8次印刷
书　　号	ISBN 978-7-104-04009-5
定　　价	49.00元

版权所有，违者必究；如有质量问题，请与出版社联系。

序

　　人具有主观能动性,这是一般的哲学常识;而人的主观能动性能够发挥到何种程度,仅仅靠常识是不够的。人的主观能动性的发挥,关键在于人"心"的修炼。

　　这个"心"当然不是指人的心脏,而是指作为人身主宰的精神性的心。心脏是有形的,它只不过是身的一部分,不能成为身体的主宰。先秦时期的思想家荀子说:"心者,形之君也,而神明之主也;出令而无所受令;自禁也,自使也;自夺也,自取也;自行也,自止也。故口可劫而使墨云,形可劫而使诎申,心不可劫而使易意,是之则受,非之则辞。"(《荀子·解蔽》)这段话的大意是说:心是人形体的君主,是精神的主宰。它发号施令而不是接受命令。它自己限制自己,自己使唤自己。它自己定夺,自己取舍,自己活动,自己停止。嘴巴可以被迫沉默或说话,身体可以被迫弯曲或伸直,心却不可以强迫它改变意志,它认为什么对就接受，认为什么错就拒绝。

在许多人看来，作为"形之君""神明之主"的心的作用是有限的，它只可以主宰人的行动，而不能主宰人的健康和生命。人的健康状况和生命的长短是由生命体所遵循的客观规律所决定的，而不依"心"的主观意愿为转移。因此，为了身体的健康和长寿，就要花时间和精力进行身体的锻炼。人的健康出了问题，就要进医院、找医生；如果身体出了大问题，就要大把大把地吃药，大把大把地花钱。把自己的身体、健康和生命交给医生，就是这些人的主要做法。当然，这种想法和做法是有道理的，因为它符合"科学"，特别是符合很"科学"的西医理论。

其实，这种观点虽然有一定的真理性，但绝非至上的真理，因为这种观点实际上是把人与动物一样看待了。人之所以与一般的动物有本质的区别，根本原因之一就是人拥有使人成为万物之灵者的"心"。心不仅能指挥身体的活动，还可以左右人的生命和健康，这在中国古代的医学典籍中早就讲得很清楚了。身体的活力源于运动，而心的健康则在于静定。凡是真正懂得健康的人，总会动静结合，时刻保持身心的合一，使静的心真正成为动的身体的主宰。因此，我们不仅应该很好地锻炼自己的身体，还应该很好地修炼自己的心。一种真正高超的医学，不仅应该关注人身，还应该关注人心。一个真正关心自己生命、关心自己身体健康的人，不能把自己的身体完全交给医生，而应该让自己的心发挥其应有的管理身体的功能。

放在读者面前的《病由心灭》这本书，就是教人如何修炼自心并通过修心来控制身体健康的初级教材。它虽然不一定全然正确，但相信大家读后一定会有开卷有益的感觉。当然，心也确实不是万能的，不可能任何时候都使我们的身体保持健康的状态。当我们年迈体衰，心不能够成为自己形体主宰的时候，当身体出了问题的时候，那就一定要去找医生，该花钱就花钱，该吃药就吃药。

我的挚友镜行先生曾为这本书的修改花过心血，故而当王茹女士邀我为此书写几句话的时候我便欣然应允。我把自己平时的一点感受写出来，与大家分享。是为序。

焦国成
2013年盛夏于中国人民大学宜园

文浅意深细悟之

劝君觉悟莫痴迷

病由心生用心灭

淡泊世欲人自平

浮生蚁居寄苍茫

为谁辛苦为谁忙

百年坟土醒迷梦

灵光自在照生涯

——镜中行

目录

序 / 焦国成   1

第一章 病由心生，患自心起

1. 《黄帝内经》所蕴含的真理   003
2. 汉字承载的信息   004
3. 自然力的平衡法则   010
4. 人体是一台计算机   014
5. 静养VS动乱   015
6. 获得平静的几个方法   017

第二章 明心见性，病由心灭

1. 去病改命的原理 023
2. 心情对身体的作用 027
3. 反参：修改你的心情 029
4. 各种疾病的成因道理 033
5. 参悟的方法 097

第三章 直面人生，淡泊名利

1. 日常工作 103
2. 破解诬陷 105
3. 人生友道 106
4. 容纳虚伪 107
5. 钱财只是工具 108
6. 如何看待挫折 109
7. 宽厚包容 111
8. 好恶中修炼 112
9. 违逆导致不顺 112
10. 感悟压力 114
11. 退休享清福 116

12. "小人"="好人"	117
13. 人生须自信	118
14. 坦然做官	118
15. 付出与回报	119
16. 机遇之因	121
17. 初涉社会，如何应对工作中困境	124
18. 改变心性和命运	126
19. 理想与欲望	127
20. 端平心态	129
21. 相处的艺术	132
22. 机遇与运气	134
23. 享受	137
24. 欣然受惠	139
25. 先舍后得	141
26. 花钱与赚钱	144
27. 不义之财	148
28. 知足富贵	151
29. 慈善施舍	153
30. 接纳是真善	158
31. 吃亏是福	160

32. 生意成败	163
33. 平淡是真	167
34. 婚姻那些事儿	170
35. 家和万事兴	193
36. 百善孝为先	194
37. 教育子女	200
有助心灵觉醒与人生欢喜的参阅书目	206
人为什么活着／王通	209
编后记／黄艳华	215
跋／王茹	219

第一章 病由心生，患自心起

1.《黄帝内经》所蕴含的真理

病由心生，求医不如求己，治病宜先治心。

到底人生的疾病是怎么来的？有些人整天担心、害怕、着急、牵挂、盼望……各种各样的心情，很多、很复杂，这样的人，就符合一个"患者"的"患"字，心老往上窜。今天担心孩子，明天跟这个人着急，跟那个人生气，跟这个人担心，跟那个人害怕……这就得了，准备做患者罢。患者的"患"字，告诉我们，心往哪里窜，哪里就会有忧患。窜到心，身体就会有忧患；窜到外界，外界就会有忧患。

喜伤心、怒伤肝、恐伤肾、思伤脾、惊伤胆——《黄帝内经》

《黄帝内经》是中华文明史上一部伟大的医学圣

喜伤心、怒伤肝、恐伤肾、思伤脾、惊伤胆——《黄帝内经》

> 人的心,都连着情,叫作心情,情都连着况,叫作情况。人的心,会很"脏",故叫作心脏。

典。书中对人们得病的来源,作了充分的探讨和说明,概之为"喜伤心、怒伤肝、恐伤肾、思伤脾、惊伤胆",等等。古人的心情,没有现代人这样繁杂纷陈,喜、怒、忧、思、悲、恐、惊、急、气、恨、怕、怨、烦、悔、慢,在古人归纳的这些心情之中,几乎没有一个是好的心情,只有一个喜算是好的,还只能是平静地喜,否则喜极伤心。换个角度说,人生没有什么好心情,人生都是苦心的命。

人生必须下苦功夫,研究到底人心是怎么一回事?只要找到了这个心,就找到了人生的根本。人的心,都连着情,叫作心情;情都连着况,叫作情况。人的心,会很"脏",故叫作心脏。人的心脏,原来就是心"脏"。人生真是高兴不行,悲伤更不行。人的心,到底多脏?原来,人生那么多心情,多是肮脏的,必须千方百计予以摈除。"忏悔"这个词,也告诉我们,人生会有千万种心,每个心都要认真去悔。只有悔了才能改,叫作悔改;改了必能进,叫作改进;只有进了才会渐入佳境中来。原来,一切最终还是要回到自心中来,人生只有回到了自心,才等于找到了生命的根本。

2. 汉字承载的信息

万法归心。"心"这个字,左面是儿童的"儿"字,右面是阴阳平衡的两点。人这个"心",就像儿童一样,

病由心灭

跳来跳去，跳动不安，跳成了一阴一阳，形成了阴阳不断变化之恒常图景。人的俗"心"，通常很肮脏。"心脏"这个词汇就提示着人们，人生要想方设法把心灵擦洗干净了，否则，一定会生各种病的，病由心生。只有彻底擦洗干净了，人这个"心"才会不脏，才会焕然一新，才是治病新开端。

什么人叫作有智慧的人？智慧的"慧"字——是下面一个心灵的心，上面加个笤帚反向去清扫。

"观"字简体左面是个又，右面是个见字——表明又看到了自己过去的错误了。

与"观"相辅相成的方法又是参悟的"参"，叫作参禅，类同于儒家提倡的省身，或者更国际化一些的称谓是Meditation——冥想。

繁体"参"字，上面是三个"自私"的"私"字右边，中间一个"大"字，下面再加三刀（三撇）才是"参"字。三个"私"字，代表着财、色、名。佛教讲人生有五苦：财、色、名、食、睡，又叫五盖五毒，饮食和睡眠，这是人的本能，很难予以摈除。

那么来看看"务必"这个词，提示人生应做些什么？"务"字，可以理解成文字的力量。"必"字意味着要把妄心给杀死。如果做到这点，就拥有了人生大药，就会彻底喜悦人生，明白生命真谛。这里蕴含天机，人生必须要做，或者唯一值得去做的事情，就是把人的妄心

什么人叫作有智慧的人？智慧的"慧"字——是下面一个心灵的心，上面加个笤帚反向去清扫。

第一章 病由心生，患自心起

> 没有了心情，就是无心了。无心，是佛教所讲空态。

杀死。其他的事情，都是些不急之务，都可以不急着去做。把这件事真做好了，就是一个通达灵性的人，就是一个找到了人生根本的人。

人生既然活的是心，一切就是惟心所造了。心决定外在事物，人的身体也不例外，是被心所决定着，外界到底能决定身体什么呢？人心不同，才会产生不同的作用力。一切的根本，在于人的心。"心"在哲学范畴上属于内因，外在有形物质界都属于外因。一切科学、医疗、药物等外在的方法，包括手法、气功法等法门，都属于外因之法。外因对内因会有一定影响作用，但是，绝不是决定性作用，它只是一个条件，充其量不过是必要条件而已。内因决定外因，内因是根据，外因是条件，根本在心。离心就是妄，就是颠倒梦想，就不可能得到究竟涅槃。

这个方法又是一个能量的"能"字。"能"这个字，也是一个私心的私在左面，底下加个月亮，它指的什么呢？这是在告诉，人们在日常生活工作中，私底下必须学会随时要用两个匕首，来斩杀自己的私心。

什么是私心？所谓私心，就是人生所有的自我心情，或私我情绪。请大家记住这个概念，只要有过的私我心情或情绪，都叫作私心。因为没有这个私字，就没有了心情，没有了心情，就是无心了。无心，是佛教所讲空态。

人的一生，只有真正明理了，才可能去改变一切，

病由心灭

因为得理者才能得天下。理了才能解，称之为理解；解了必能放，叫作解放。人生只有真正理解了，方能解放。如果你啥都不理解，怎么可能获得解放？现在，人们可以理解，为什么没心没肺的人长寿？稀里糊涂的人命好？越认真的人为啥命运越惨？真的，人生谁"认真"，谁会倒霉。这里所讲的"认真"，是指人的执着心，而非指循分尽责之认真。

人有时候要能跳出来观照人生，把人生看作是一场戏，这时候需要的是糊涂（不执着），而不是认真、较真（执着）。

为什么总有那么多人喜欢"认真"呢？——通常的事实却事与愿违，对孩子"认真"，孩子伤你，孩子不顺；对工作"认真"，工作伤你，工作不顺；对爱情认真，爱情伤你一辈子，让你伤透心。人这一生，你对什么认真，什么就会伤你，做人处世千万不能执着认真。人生终身所要练就的本领，就是凡世做人不能太认真了，当然，做事情还应提倡认真。

淡！淡！淡！看淡的"淡"字，恰恰是三点水浇两个火——炎症的炎，说的只有真正看淡了，才能有效消炎啊。什么离婚，什么对方看不起我、议论我、打击我，全看淡一点。请记住，人生如同戏剧，一切都是假的，千万别真的入戏了，谁真的入戏不清醒，就一定会受伤，会倒霉的。

淡！淡！淡！看淡的"淡"字，恰恰是三点水浇两个火——炎症的炎，说的只有真正看淡了，才能有效消炎啊。

说病法,主要是把自己的"罪过",或者错误充分地谈出来,让众人知晓,这样可以释放掉压制在内心的负面能量。

我们这里提供的方法,还有一个谈话的"谈"字。如果真想把人生疾病去除,完全可以用两个火字,加一个言字边,把它充分地谈出来。找一个人说,或者自言自语地说,都可以达到治疗疾病的目的,这叫作说病法。说病法,主要是把自己的"罪过",或者错误充分地谈出来,让众人知晓,这样可以释放掉压制在内心的负面能量。自己跟自己谈,这叫悔过,悔了才能改,改了必能进。当然,也可以采取写病法,写病法可以让自己记忆力提高很快。如果把上火的事情,一样一样地写出来,就可以使人的疾病迅速减弱,或者彻底去除。曾有这样一个故事:有一位女作家,在癌症晚期之际,她准备把自己的一生,详细地写出来,然后安然离世。结果,等到她快写完的时候,癌症却不知不觉离开了她,莫名其妙完全好了。可见,写病法,可以让你的记忆力更具逻辑性,思维更加清晰,清除过去不良心情,更为快捷有效。佛教有一个词汇,叫作念力,"念"有什么力量呢?如果你能不停地念过去的事情,这个事情的力量,就会再现出来。这时候,如果人懂得把这个力量给卸掉的话,自身所患疾病,自然就会清除了。

如今,几乎人人都有"病",都是由各种不同疾病所组成的身体。只要是有形的,就可能会有病,就会处在不同程度病态之中。没有"病",那是空性的,是永远不腐的。有心就有病,无心就无病。

病由心灭

无论是什么样疾病,无论哪一种病人,都必须充分反省"生气"。生气是最大的上火,生气一定会使人得病。所以,人生第一关,必须反复念诵:我不应该生气,反思自己生气的根由。请记住,必须要一句接一句地念,一件事接一件事反思。边参边观叫作参观,并应有相应的图像;边观边念叫作观念,反观当下的心。

原来,古人创造词汇,都是为了我们修心变命治病用的,都是为了让人生能够有所觉醒,觉悟生命之道,觉悟天地大道。所有的心情都是"心",所有的情绪都是情况。无论善恶,都是问题之所在,都是人生的障碍,佛教称之为业障。人的一生,一定要学会反思。

当反思的时候,一句接一句地念,边念边想,图像越清晰越好,历史再现越细致越好,过程越全面越好,这就叫作清扫心灵垃圾的功夫。

"忏悔"这俩字,左面都是竖心旁,右面一个"千"、一个"每"。过去,古人常讲,如果一个人参悟一天、忏悔一天,就做一天的圣人;参悟十天、忏悔十天,就做十天的圣人;参悟一年、忏悔一年,就做一年的圣人。假如这一生,我们真正能够"时时勤拂拭",就一定会登上人生幸福的彼岸,仰不愧于天,俯不怍于地,天地之间,以人为峰。

原来,人生处处都在点化我们,怎么去除自己的疾病,怎么改变自己的命运。原来,这一切又都可以通过

> 生气是最大的上火,生气一定会使人得病。所以,人生第一关,必须反复念诵:我不应该生气,反思自己生气的根由。

> 当反思的时候,一句接一句地念,边念边想,图像越清晰越好,历史再现越细致越好,过程越全面越好,这就叫作清扫心灵垃圾的功夫。

由心来改变。现代人，明明活的是心灵，却偏偏不修这个心，以为肌肉就是健康，真是大错特错。人们以为各种各样补养品能够提供营养，根本就不知道越补越空的生命道理。

既然人活的是心情，干吗不让自己的心情，直接安详快乐？心情是完全可以自己当家作主的。在这里，我们所介绍的这些反观自省的方法，如果大家认真学了以后，努力去践行，就一定能够找到对应的人生规律。在这里，敬请大家对应每一个规律，认真去寻找自己的毛病错误，如果你真的找到了一项，就可以使自己身心疾病缓解一项。"实践是检验真理的唯一标准。"

现如今，很多人不喜欢追究真理，听风就是雨，迷迷糊糊信这信那，这叫作迷信。不明白，就盲目地肯定，或者否定，都叫作迷信。为什么信宗教的人这么多，觉悟者却那样少呢？因为绝大多数人所走的，都是迷迷糊糊的信仰道路，既没有明心，也没有见性，谈何修行？谈何觉悟？

3. 自然力的平衡法则

自然力，让我们人长有两只眼睛、两个耳朵，就是为了让我们从正反两个方面，去观看各种的人生问题，使自己尽可能看得全面些；我们要努力学会听正反两方面的话，兼听则明，偏听则暗。我们每个人只长了一张嘴，

> 人生处处都在点化我们，怎么去除自己的疾病，怎么改变自己的命运。原来，这一切又都可以通过由心来改变。

> 自然力，让我们人长有两只眼睛、两个耳朵，就是为了让我们从正反两个方面，去观看各种的人生问题。

就是为了让我们的嘴只说好话，千万不要去乱道别人的是非、好坏、善恶。

过去，进国营企业好，后来却下岗再就业，充分体现了公平；过去，演员的地位太低，被人贬称为戏子，抬不起头来，现在改叫明星了，多少人都在追星了，这也是平衡。历史上，前有尧、舜、禹、商汤的圣治，后有夏桀、商纣王的血腥残暴，历史所演绎的，就是中国历史发展画卷的平衡图。所有的一切，都在平衡中运动，这体现了自然力的公平性。

"三十年河东，三十年河西。"过去讲，"富不过三代"。当然，大善大恶之家除外。一般的人，遭遇灾难很少有三次的，连续三次灾难的可能性不大，大恶之人除外，过了三就变了。离婚有离两次的，到了第三次，大多就变得稳定了。父母的心情，也总在平衡孩子，有些父母太心疼孩子了，孩子的身体就会虚弱了，如果你再管孩子叫什么宝宝之类，那就更弱了。过去许多人家，为了使孩子好养，总给自己的孩子取个贱名，其实，这里面蕴含有非常深刻的人生道理。

任何人的心，都会受到自然力的平衡，一个事情的平衡，也绝不会只是一个因果，而是多种因果的综合产物。比如，孩子学习不好，什么在平衡？孩子小时候，学习好亢奋的平衡；过去考试，考好了挺亢奋，现在却阴差阳错犯迷糊了，就考不出来，学不进去了；你不是

> 任何人的心，都会受到自然力的平衡，一个事情的平衡，也绝不会只是一个因果，而是多种因果的综合产物。

> 善念，一定招善缘；恶念，一定招恶缘；人生因果丝毫不爽。

曾看不上别人家孩子笨吗，这不也是一种平衡嘛。

自然力体现了总体的永远的平衡性，自然力平衡总是立体的，绝不会是单一的，它是多维向的综合。包括横向、纵向，时间、空间，全方位立体式平衡。这就是自然力的公平性、合理性。

所谓的人生灾难，既能平衡过去，也能平衡未来，更会对未来人生程序产生积极的影响效果。请记住，当你马上要去求人家办事，还没有见面之前，该怎么动念？"他是我的贵人，他是一个好人，他是观世音菩萨的化身。"如果人能够这么反复念叨的话，对方的善念、善性，就一定会被你激发出来的。人们要是真能把自己的善念及时发射出去的话，对方也就一定会报之以善性的。不信的话，请试试看。在现实生活中，令人惋惜的是，人们总是喜欢相反去认知，总会提前这样想："这个人肯定会坑我、害我、逆我、损我……"结果呢，麻烦总会如己所愿纷纭而来。善念，一定招善缘；恶念，一定招恶缘；人生因果丝毫不爽。

平衡过去，就是为了让人们对自己的过去，能够认真去进行总结。但是，有些人的灾难，并不是平衡过去，而是为了平衡未来的，它是在考验人的心性力、觉悟力、承受力。人世间，人生承受能力有多大，自然力给人的福报就会有多大。

在给予人生大福报之前，自然力会用各种灾难的化身,频繁出现在人的面前,人生灾难本身也是福报和功德的化身。正面是灾难,反面是福报,祸福本是同根生,二者是完整一对儿。人生越是怨恨,灾难会越多,并且总是灾难这面呈现出来。与此同时,我们也要牢牢记住,人生福报也是灾难的化身。有的人,小时候享福太过了,总吃好的,导致长大之后,再也吃不下什么好东西;有的人小时候总是顺遂,长大了可能会工作极不稳定;有的人搬新房子太亢奋,结果进去后就大病一场,有些老人甚至再没起来了。凡事,有利必有弊,人生没有绝对的好与坏、对与错、是与非,人生的风水总是不停轮换流转。

因此,在现实生活中,人们务必要随时学会居安思危,防微杜渐。一个真正明白的人,总是会乐而不乐、悲而不悲、爱而不爱。

乐和悲,本是同根生。人生往往是在尽情享福的时候,就会埋下未来灾难之祸因。有人在一帆风顺的时候,喜欢自以为是,容易志得意满,飘飘然,根本不知道高兴的背后,随时隐藏着许多人生的悲伤和苦痛。

这样做法符合中庸之道,如同直线,它的距离是最短的。

有的人,真是好人做尽了,就是因为喜爱生气,结果使自己的人生挫折重重,苦难不断。许多人至今不明白,为什么做了这么多的好事,人生命运还是这样的不

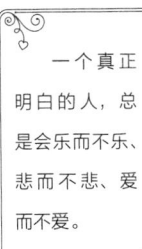

一个真正明白的人,总是会乐而不乐、悲而不悲、爱而不爱。

好?告诉你,"是你的心不好,所以命运才不好。是心决定一切,不是事决定一切。"有心行善,虽善不赏;无心作恶,虽恶不罚。有些人,总是喜欢人前夸耀自己的行善功德,自夸之后,回报当下,就实现完毕了。有些人,做了一点儿好事,常常会后悔,结果人生就没有啥功德了。

有些人根本受不了别人的好,人生命运不大会好;受不了坏,人生命运也不会太好。总之,人的一生,受好受坏,我们都要心悦诚服去对待它、接受它。须知,自然力所安排的一切,永远都是自己生命中的好事。每个人在面对自己人生苦难时,都要满怀着"甘愿做,欢喜受"的心态,真正从内心深处,去感恩苦难,感恩一切。有苦方有甜,有难方有福。

> 在面对自己人生苦难时,都要满怀着"甘愿做,欢喜受"的心态,真正从内心深处,去感恩苦难,感恩一切。有苦方有甜,有难方有福。

4. 人体是一台计算机

人体是一台计算机。我们每天都在接受各种的心灵程序、语言程序、行为程序,程序的中心,就是人的心灵。

我们人生的习惯、心情、言行,无时无刻不在影响着自己。人的心情越重、时间越久,对人生的影响就会越大。凡是平静的输入,就会是一种良性的程序,人们输入越多,程序就会越灵验。在人体中,往往会存有大量的病毒程序和没有用处文件,人们要学会经常清理自己的人生"硬盘"。在这里,所谓的清理,其实就是忏悔；就是思过；就是批评与自我批评。人生正确的程序，应该是无欲的、安详的、坦然的心灵程序。否则，就要千方百计予以清除，只有这样，才能使我们的人生充满安详与喜乐。

人生在世，要学会常给自己输入良性的人生程序，千万勿随便输入恶性的生命程序，努力去做一个天天向上、向善的人。对于人生未来，请不要随便输入什么欲望的程序。有的人总是喜欢输入："我一定要成功。""我一定要当超级富翁。"怎么行呢？当憧憬未来时，我们一定要保持平静心、公正心、祝愿心，这样才可能会心想事成。有的人问："我天天念我的孩子病赶快好，行不行？"这也不行，还要进一步输入："希望孩子病好之后，将来为国家多做些贡献。"这么念，疾病才会好得快。"我一定要好好学习这门知识，将来多为社会人群服务。"这门知识，就会飞快向你靠拢。请记住，凡事一定要带公心。只有公心，才能使人生自在、逍遥。

当人下定决心要去更改自己人生程序时，其实，就是为了根本去扭转不幸的人生灾难，将自己过去失去的人生福报，重新给找寻回来，再次还给自己。

5. 静养VS动乱

俗话说，静了才能养，叫作静养；心动了一定乱，叫作动乱。在当今物质至上的社会，人们很少不被外物

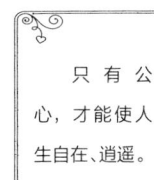

只有公心，才能使人生自在、逍遥。

> 外在的一切，其实代表不了什么，什么也不是最终的拥有。唯有人的内心才是万物之根、喜乐之源。

所诱惑，充满欲望，安分守静很难，更多的是激动和亢奋。难怪许多人无论拥有什么，都感觉不到幸福；看什么，都觉不顺眼；人生许多的认知都是负面性的，还自以为自己多么的清醒和深刻。亿万富翁不也有人自杀吗？为什么会这样？人生完全失去了方向感、归宿感，内心总是不快乐、不幸福。人啊，我们的心灵才是生命真正的根源。外在的一切，其实代表不了什么，什么也不是最终的拥有。唯有人的内心才是万物之根、喜乐之源。鞋子合不合适，只有你自己才真的知道。"春来草自青。"

有人问一个老先生，"什么是有福报的人？"猜猜，老先生是怎么说的？"什么叫作福报？中文福报的福字，就是一件衣服一口田。告诉你，够吃够穿就得了，知足者常乐。"

人的幸福是一种心理感觉，不是什么财富多少、欲望的享受。许多人通过买衣服、考学、结婚、生孩子、要房子、买车等换来的所谓幸福，其实都是些虚幻的理由，幸福总是来得特别的短暂。而且，这么短暂的幸福，又化成了许多人的亢奋，接下来就会换成人生痛苦、悲伤了。这是何苦来着？始终拥有一颗安静祥和的心，不就可以直接拥抱幸福，时刻微笑吗？这样自己不就是个永恒幸福的人？何必非要用那么许多的物质，来达到自己所谓的幸福呢？"

事情越乱，人越要心态平静，动中练静，才是真静。

> 什么叫作福报？中文福报的福字，就是一件衣服一口田。告诉你，够吃够穿就得了，知足者常乐。

病由心灭

别人打你、骂你，你还能保持平静，或者别人放录音机很吵，你还能打坐入静，才是真静功夫了。即使面对生死，人生也要学会平静，一个真正修心人，面对生死，都是没有眼泪的。老子讲过，"出生入死"，人一生下来就进入死道了，我们从这个门进来，不久就会从那个门出去了。老年人会有这样的体会：原来人生这么短，几十年一下子就过去了，一切仿如昨天。

如果一个人在工作中，总是易于亢奋、易于激动，总是喜欢过度表现自己，那么人最终所得到的，就可能会是莫名其妙的伤心或悲痛。因为人生有所亢奋，才会有所悲伤。一个人能否被重用，能否有自己的前程，最主要是看人的内心容量够不够大，内心深处够不够平静。如果平时很喜欢激动，假如再被领导所重用的话，就会容易异常亢奋了，这样亢奋不已的人生心态，必将会带来诸多的人生烦恼和身心困苦。这种人不被领导所重用的话，反倒恰恰是自然力恩宠的一种表现方式。

每一个人，在自己生活过程中，真正所需要的，只是平静地努力，淡定地去面对，这样才可能会拥有着美好的人生结果。

6．获得平静的几个方法

一、安慰法。人生的苦难，主要是因为人们的欲望总是膨胀，日益的成长。人总是喜欢跟自己好的人相比，从不满足，难以知止。请想想，你家房子小，还有没有

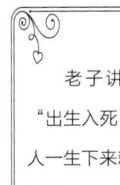

老子讲过，"出生入死"，人一生下来就进入死道了，我们从这个门进来，不久就会从那个门出去了。

每一个人，在自己生活过程中，真正所需要的，只是平静地努力，淡定地去面对，这样才可能会拥有着美好的人生结果。

> 我们投胎来到人间，说明本身的福报就很大，需要格外珍惜这次做人的机会，借以提升自己各方面的能力和境界，了恶缘、结善缘。

房子的；你丢了1万块钱，还有丢了10万的；你家孩子跟大人较劲，还有人家的孩子进监狱了；你一个人是挺难，没人帮忙，但还有人瘫痪在病床上动不了的呢……总之，一旦学会了总是跟下面的比，跟不如自己的人去相比，你就会逐渐变得坦然，平静下来了。如果人生总是跟比自己强的人去比，你就会总是惆怅和痛苦；总是跟比自己弱的人比，你就会经常自喜、自在了。我们周围有些要饭的人，都懂这招儿，"你看我挺幸福的，虽然是个残疾腿，但有些残疾人，还不知道在这儿能要着钱呢，都不来这儿。"

总跟自己下面人去比，就会高兴，就会喜悦。有腿的要跟没腿的比；没腿的要跟没命的比；总跟自己下面人比，人生就会总是舒服，总跟自己上面人相比，人生就可能会天天痛苦。其实，生活在现代，我们每个人都是相当有福报的。现在，许多人根本不懂得珍惜自己的生命，珍惜人身。只有等到将来下了阴暗的苦途才会知道："哎哟，我后悔死了。怎么会到这儿来了？"等到了那个时候，才明白做人的好处就晚了。我们投胎来到人间，说明本身的福报就很大，需要格外珍惜这次做人的机会，借以提升自己各方面的能力和境界，了恶缘、结善缘。

二、甩包袱法。无论你信什么，就请把包袱甩给谁。如果信佛，请甩给佛；信主，请甩给主；假如什么都不信，就甩给老天爷吧，都是老天爷安排的；再不然，就请甩给命吧，一切都是命里安排的，我认账、我臣服。

三、平衡法。这是比较上等的境界方法。为什么这个人会骂我？原来我曾经也骂过别人；为什么这个人会偷我的钱？原来我曾经怨恨过小偷；为什么这个人蛮不讲理？原来我最烦不讲理的人。请记住，我们懂得寻找人生的平衡，就等于在理解这个世界。人生找到了因果，就等于找到了和谐，就是人生觉悟的法门。定能生慧，善也能生慧，这个智慧，就是断因果、找平衡、寻真理。

> 请记住，我们懂得寻找人生的平衡，就等于在理解这个世界。

第二章 明心见性,病由心灭

1. 去病改命的原理

到底命运是怎么回事？人生有没有生死轮回？姑且存而不论。然而，性格往往决定命运。一切的人生命运会随心性而转，人生命运由自心所生。请记住，一个真正修心的人，就是一个勇敢变命之人。很多高层人物，其实都是懂得自我修心的人，他们平常会特别显得忍耐与包容。

真理，通常就在凡夫俗子所认识的相反之处；真理，总是掌握在极少数人的手中。凡人皆好争斗，圣人不敢为也。凡人总是喜欢追求美好的东西、美味的食品、美满的爱情等，根本就不知道所谓的"美好"常会伤人。人生好吃的东西吃多了，以后就会再也不想吃、不能吃了。"道可道，非常道；名可名，非常名。"人生一切

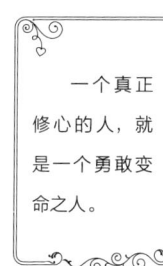

一个真正修心的人，就是一个勇敢变命之人。

表面的现象,都是假象;只有无形的心灵,才是最为真实的东西。所谓真理表述的一切,根本不能离开我们的心。人生不能离开自心,去寻找任何身外的原因。我们只要具有不染之心,才可能具有不染之身,才可能使自己真正成为命运的主人。

什么叫作更改程序、改变命运?不就是要我们学会把过去所有的挫折、打击、不顺、不如意、灾难、疾病等等,都变成人生好事来理解,变成养料来对待吗?!

只有这样的做法,人生变命改运的速度,才会相当的快捷有效,才能治疗好大量的人生疾病。如果我们学会了把小人都想象成佛、菩萨、贵人、父母,那么人生就会非常了不起了。我们过去也许都曾怨恨过别人,曾经错过了一次次的考试机会,这次冤家们再度的聚会,自然力又要重新考验一次,就是为了让我们赶快的自我反省,以便人生能够茁壮成长。人越反省,人生灾祸会越少;人越忏悔,越能消灾免难。人的心念一转,有时天地祸福迥异。

所谓的魔渡,也就是用生活挫折、磨难、打击来度你,才能让你对工作的那份狂热、执着之心给放下来。人的一生,有时伤害你、打击你的势力,也是人生赋予你真情实爱。难道真情实爱一定只能用正向的表现方式吗?就不能反常规之道,逆向给予吗?

古人常讲,"害生恩,恩生害。"十分值得我们深思熟虑。

有一个人,当了老板以后,他充分理解了:"原来我们单位的领导整我,是为了提示我该调走了,让我能够发财自己当老板。原来他是来渡我的,为我带来了这么多的人生好处。这个人是我的生命中贵人、恩人,我应该好好谢他。"

有的女人离婚后,才恍然大悟:"以前的丈夫,那样待我,就是为了让我对于爱情,不要再那么执着了,应该懂得轻松关心一下自己了。这辈子自己这么关心他,越关心、越伤心。现在,自然力终于让我学会了如何关心自己,让我知道了如何寻找自身的平衡。"

大家想想,这些不都是一种真爱吗?难道真爱一定非要用善的方式来表达吗?真爱就不能够用恶的形式来带给你善吗?在这个世界上,到底有多少人知道什么才是怀菩萨心肠,行霹雳手段呢?在这个时代,有时逆帮逆渡更显威德之光。

平时,我们的吃亏,就是在给自己未来积福。吃亏是人生积福的秘方。平时,人们大多口说"吃亏是福",心里并不真正知道"吃亏是福"的深刻人生道理。绝大多数人只是嘴里经常念叨着,嘴说行不得。

这个世上,到处充塞着"语言的巨人,行动的矮子"。谁能够真正在人生吃亏面前,始终保持内心的平静,就会像邓小平一样了不起了。邓小平三起三落,还能潇洒

在这个世界上,到底有多少人知道什么才是怀菩萨心肠,行霹雳手段呢?

第二章 明心见性,病由心灭 | 025

> 吃亏是人生积福的秘方，只不过是稍为滞后了罢了。

打桥牌。从古至今，凡在人生不顺之时，尚能镇定自若，稳坐钓鱼台，任凭风吹雨打，胜似闲庭信步的人，都会具有大丈夫的伟岸情怀，皆非池中之物。

在人生挫折面前，关键看人们是否真的能够心态平静。人生越是心态平静，人的灾难就会越小。在人生挫折面前，如果总是怨天尤人，那么人生的困苦只能是越来越大了。人生的挫折是有灵性的，它最害怕人能心态平静，最喜欢人们拼命较劲。越是较劲，人生挫折会越大，如果人的内心总是害怕挫折的话，它就会更加疯狂了。

一个真正修心之人，当面对人生挫折和灾祸时，总会认为这太好了，这是一次人生难得的机遇，又一件喜人好事降临了。如果人生能心甘情愿让别人打骂，甘受各种人生困苦的考验，那么就会把未来各种人生灾难给化解了。一般的凡人，总是认为自己怎么老是在吃亏，这么的倒霉？根本就不知道，人生吃亏了，就会得福的，吃亏是人生积福的秘方，只不过是稍为滞后了罢了。

佛门讲，"吃苦是了苦；享福是消福。"过去出家人出去化缘，并不都是为了去要钱的。遇到人家骂他说他，都会欣然接受；遇到人家恭敬他、供养他，内心也是平静去对待，总是心情如如不动。现代人，总是想方设法去躲灾避难，千方百计想闪开那些讨厌的人、事、物，根本不是一颗随缘心。这样的心态，就只会是忧伤、悲苦了；这样的心态，就只会让生命变得平庸、卑俗了。

> 佛门讲，"吃苦是了苦；享福是消福。"

病由心灭

每个真实的人生使命，都是要为了大众服务的；为了还债、了缘、报恩的；为了修心、变命、成长心灵的。现在，既然已经知道了变命改运的方法，就要全力以赴去做实践、去身体力行。如果学了不当一回事，口说行不动，光喊口号，那就很麻烦了。人生活在世上，千万不要随便辜负了自己的生命，尤其是法身慧命。

2. 心情对身体的作用

人生，每一个心情，都是一个心灵的暗箱。人生，每一个状态，都是一个心灵的显现。佛教称这个心灵暗箱为"第八识，阿赖耶识。"

人生各种心情，都会在自己身体内部暗箱储存着，一旦达到了质变，就会发生各种的疾病。人生兴奋、激动之心，也是导致人生悲伤、悲哀的关键要素。人只要有了兴奋、激动，就会有悲伤来有效平衡。

当一个人不断发生心情之时，心灵暗箱中的垃圾，就会逐渐堆积上升，人们一旦长久生了不好的心情，很快就会招致疾病到来了。有的人，害怕过多，结果能怕出精神病来；有的人，怨恨过多，招的常是横灾。不是总爱生气吗？好了，先让父母跟你来较劲，父母整不过你，安排爱人跟你较劲，如果爱人也较不过你，怎么办？那就安排孩子，甚至公检法来。总之，一定要把你给较倒了为止，绝不能让你的气白生了。你可能会说："我

> 人生，每一个心情，都是一个心灵的暗箱。人生，每一个状态，都是一个心灵的显现。

> 人生在世，需要学会多找自己的错，多看别人的对。

不犯法其奈我何？"那行了，安排汽车撞你。如果汽车不撞你怎么办？就安排你得癌症，或者特大型身体疾病。

凡是怨恨心重的人，人生命运绝大多数会悲惨苦痛；凡是随和谦让的人，人生命运大多会特别好，得天之道。人的怨恨心重，这是人生灾难之根源，我们必须全力以赴把它戒除掉才行。人生若生一念怨恨心，以后就会有一个人跟你生气，或发生一件生气的事。人生若是天天如此，就麻烦了，垃圾就会堆积太多了，人生的灾害必会降临。

自然力的平衡法则，就是要求人生深入研究因果，努力去断灭因果，这是最为简捷的方法，也是最能使人明心的方法。什么叫作明心呢？首先，应该知道这个世界没有永恒不变的东西，一切都在变化着，变化是永远的旋律。其次，不可执着变化莫测的外部世界，认清一切事物本质的虚幻性，清楚知道自己是什么样的人心。大家要知道，现时代，真正能够面对自己的人，不是很多了，而是寥若晨星；真正能够寻找自己毛病的人，更是凤毛麟角了。人生在世，需要学会多找自己的错，多看别人的对。只有这样，我们才会走上明心见性之途，早晚会明白自己生命真相的。

无始劫以来的因因果果，都会聚结在今生今世，化成人们的各类心情。假如人能心情不生的话，一切都会彻底断灭。

3. 反参：修改你的心情

所谓人生的反参法，就是个体主动去清除各种各样的情绪垃圾，让时间尽可能倒流，努力去收回曾经失去的生命能量。一切既往由心而生，当然也可以由心来断灭，这是一个最简单、最直接的方法，一一的对应，解铃还需系铃人。

如果我们人生真正学会了深深的忏悔，就一定能够改变自己的人生的命运。

举例来说，如果人一生总是爱生气，那就会总是得病。就应该多多去参："我不应该爱生气。"这样全身的毛病都会逐渐缓解的。请记住，如果我们人生真正学会了深深的忏悔，就一定能够改变自己的人生的命运。如果人生气少了，今后所遇到生气的事情就会少了；同时，别人气你的事也会少了。人们身体污浊之气减少了，身痛就会大大的缓解，人生命运也会随之发生改变的。

人生学会自我认识，这是非常重要的个人觉悟能力。谁能够越多找出自己的毛病，谁的觉悟能力就会越强。谁要是找别人毛病越多，说明谁的迷痴程度越深。

六祖慧能曾告诫说，修道之人，不见他人非，只见自己过。请大家深深铭记这句名言。上古的时候，人人修道，人人修心，那时人均能够活一百多岁。对此，《黄帝内经》之中，曾经有过清晰的记载。现在，我们这一生，活得大多很惨。许多人天天都在找人家的毛病，有事总是怪怨别人，从来不懂得怪怨自己；天天总是使劲跟别人争斗，不知道，好争的人，争来争去一场空。越是随

六祖慧能曾告诫说，修道之人，不见他人非，只见自己过。

> 老子说,"圣人不敢为也。"什么叫"不敢为"？就是一般不好的心情不敢生，尤其不敢生气，不敢害怕，不敢怨恨，不敢不好意思……

和谦让的人，人生空间越是广大，命运会越好。古人云：上等人是谦让出来的，下等人是争斗出来的。老子说，"圣人不敢为也。"什么叫"不敢为"？就是一般不好的心情不敢生，尤其不敢生气，不敢害怕，不敢怨恨，不敢不好意思……"世人察察，我独闷闷"。门字里面加个心字，闷住它，就是把心里大门给关上，不能随便动心情。世间世俗之人，是什么都敢为之的，喜欢枉费心机，枉费心情，总以为人的心情可以随便地使用，胡乱的浪费。究竟有谁知道，人的心情才是人生真正的能量？请注意，人的心情消耗完毕了，所等待我们的将会是死亡。人的生命，实际上，就是人的心情所消耗的寿命。

有的人，为什么一宿白头？为什么有的人生完了气就没劲了，全身疲软？为什么有的人生完了气马上上火，疾病就来了？告诉你，只要是不良心情，一经产生，各种的疾病立刻就会产生。很多年轻人说："我现在生气没啥事。"请别着急，以后会找你算总账的。古人讲："举头三尺有神明。"信耶稣的人讲："上帝无所不在。"这和现代科学所讲的一致，"真理或者规律，无时不有，无所不在"。请千万注意，不是信佛，佛就照顾你；不信佛，佛就不照顾你。不是这个样子的！真理，或者规律这个东西，不管你信不信，它都是一样的，人人平等。强调一个"信"字，就是为了让人生能更加努力去修善。实际上，是"善"灵，并不是"信"灵。

人的心情，可以修改，这就是反参。人的心情，也可以转化成物质。比如，有些人的不良心情转化成了癌症；有些人的不良心情转化成了灾难；人们悲伤的时候，心情可以转化成眼泪；想哭的时候，嗓子里就有哽咽感；着急的时候脸会红；害怕的时候脸会白；害羞的时候脸会红等。人的不良心情，还可以生出石头来。比如，胆结石，肾结石；有些人吃灯泡、吃钉子都能给化掉，解剖之后，发现他的胃和常人根本没有什么分别。原来，真正的分别只在于人们的内心。

人的心情，可以利万物化万物；人的心情，能够滋养我们的生命。人的心情患病了，人的身体才会有病。我们的身体是心灵的显示器，我们却长久不知道，真是悲之。在《黄帝内经》这部医经里，古人早就揭示出了这样一些简单的身心规律："喜伤心"，"喜则气缓"，乐大了，一般会没劲儿；"怒伤肝"，"怒则气上"，所以，古人早有"怒发冲冠"之说；"悲伤肺"，"悲则气消"，当哭得悲伤至极时，人就容易休克；"思伤脾"，"思则气结"；"恐伤肾"，"恐则气下"。

人生如果真正知道了自己的性格，基本上就可以知道自己容易患上怎样的身体疾病。

凡是爱激动的人，没有几个心脏会好的，心脑血管一般会不好；

凡是爱生气的人，容易得甲状腺，肝会不好；

> 人的心情患病了，人的身体才会有病。身体是心灵的显示器。

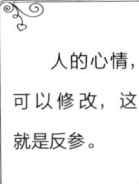

人的心情，可以修改，这就是反参。

凡是爱较劲、不服气的人，颈椎大多数会不好；

凡是害怕、胆小的人，肾脏通常会不好；

凡是疑心重的人，胰脏大多数会不好；

凡是没主意的人，脑袋常会迷糊；

凡是干活生气的人，肩周容易会不好；

凡是儿女不听话的人，往往腿关节会不好；

凡是认真的人，大多数会比较的清瘦；

凡是能将就就将就、喜欢积攒、不精进的人，容易肥胖；

凡是着急的人，容易心跳加快，大多会患上高血压；

凡是害怕压力的人，大多容易得低血压；

凡是特别爱干净的人，皮肤会容易不好，脾胃也会不好；

凡是特别爱伤心的人，胰脏多数会不好、腰也会不好，特别容易会有酸痛的感觉；

凡是爱闹心的人，大多容易得身痒的疾病；

凡是觉得人生艰难的人，往往腿脚行动起来会特别的困难；

凡是总爱心疼别人，自心就容易会绞痛，心疼得疼病，怨恨得痛病；什么话都不爱听的人，特别容易得耳聋耳鸣；

凡是不爱看的人，容易眼花或得白内障；

凡是不愿意和别人沟通的人，鼻子会容易不通；

凡是操心重、瞎操心的人，特别容易白头发。

我们反复所讲的反参法，既是能够改变人生命运的，又是能够治疗身心疾病的，是个一举两得的好方法。

4. 各种疾病的成因道理

头部疾病

头疼头痛

头，也叫首。长辈、丈夫、单位、领导、社会崇拜物等为头。大脑主思维；小脑主管理。

疼和痛，这是两个不同的概念。疼是向里的，是虚症，捂着按着特别的舒服，是往里抽的力量，一般位置不太具体；痛是向外的，是实症，不敢碰，越碰越难受，是往外胀的力量，一般位置都相当的具体，能够形容得出来。头疼跟心疼、着急、担心、害怕有关；痛和生气、怨恨等有关。

长期头疼，请参让你头疼的事。"这事让我太头疼了。"记住，这就是治病的规律。反复念诵："我不应该愁。"这样能治头疼。还有"我不应该生气。"特别是不跟丈夫、长辈、领导生气，也能治疗头疼。

有一个人，十几年的头疼，通过这个方法，三天就好了。就是反复念："我不应该觉得这事愁人。""那年我不该跟丈夫、领导生气。"这叫作忏悔法，也叫作

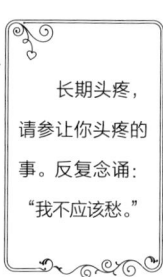

长期头疼，请参让你头疼的事。反复念诵："我不应该愁。"

反参法。"参"得越多,治疗效果会越好。

老百姓常问:"什么事让你这么头疼?""唉!孩子不学习让我头疼;分房子这个事让我头疼;家里人得病让我头疼;看书学习让我头疼;那个工作我不愿意干让我头疼;单位那个人文环境让我头疼;回到家里吵架让我头疼。"如此等等,长此以往,头怎么能不疼?

头疼应该用什么方法来治呢?一定是先从"我不应该生气"开始。另外,还可以用高兴的心情,去想生气之事,如果哈哈大笑地想,那么效果会更妙更佳了,就能化解掉疾病了。因为这些都是因为不断累积心情,而患上的疾病,一定要用清扫心灵垃圾的方法,才能够清除干净,这叫作寻其本源,越治会越彻底,永远会有效果的。还有一句话叫作"我不应该发愁。"忧愁,愁白了多少人的头啊!人愁会容易长皱褶,容易头脑昏迷,容易带来血稠,血黏,还特别容易刺激人的脑血管。人干活愁的话,人的手会容易衰老,劳动人民的手为什么容易衰老,因为干活的时候总是在犯愁,哪能不愁呢?活是越干越多,总是干不完,不知何年何时是个头,总是盼望可以早日干完,哪能有几个干活的人,会是非常平静的人呢?凡是重体力劳动者,干起活来都容易发愁,所以大多数人早早就衰亡了。

如果把所有的心情,先用"我不应该"去参悟,紧接着想着想着大笑之,真是这样的话,就能逐渐彻底清

不断累积心情,而患上的疾病,一定要用清扫心灵垃圾的方法,才能够清除干净,这叫作寻其本源,越治会越彻底,永远会有效果的。

除掉各种各样的人生疾病。很多人的头疼，是因为脑血管不通所引起的。开始是头疼，到后来就会睡不着觉了，若到了老年，很容易患大脑痴呆症。由于人们量能级别的不同，人生会形成各种各样不同的疾病。在生活中，我们应该懂得用高兴的心情，去想悲伤的事、不顺的事，这叫作乐观；用悲伤的心情，去想人生高兴的事，这叫作悲观，如此可以逐渐达到平衡状态了。

有一位女士，头总是特别疼，哪里都治不了。看其言谈举止，我发现她非常孝顺，并且家里有长辈常年在生病。我说："你是一个孝顺的孩子，你家有人得病了，是一位长辈，对吗？要不你怎么会长期头疼？"她说："真对呀！你是怎么知道的？"我说："你越是担心，你的长辈会越难受；你越是心疼，他就会越不顺，这是一一对称的。"默念"我不应该头疼"可以治疗头疼的病，默念"我不应该心疼"也能治头疼的病。

要连续不断地念着，越念要越高兴；一定要懂得用高兴的心情，嘴里念的却是不应该这样，不应该那样。

这样的做法，一是能够增加回忆的面；二是高兴可以化解掉当时的心情；三是图像会更加的清楚；四是人要有悔改之心。你对一个人越是心疼，对方越会容易承受某种残酷，就像是冬天的"冬"严寒无情，这就是中文"疼"这个字的含义。所以，凡是心疼别人，往往是在害人。大凡是人，都会容易心疼家人，这就让自己的

> 在生活中，我们应该懂得用高兴的心情，去想悲伤的事、不顺的事，这叫作乐观；用悲伤的心情，去想人生高兴的事，这叫作悲观。

> "慈悲出祸害；方便出下流。"

家人容易得病了；外面的人伺候你家的病人，往往会不带心疼，疾病反而容易好转。有的人，在医院里让陪护士陪伴着，就会比家里人陪伴的效果要好得多。

一般情况是人越是心疼一个人，那个人就越疼，也越容易得到某种的残酷。心疼别人犹如软刀子杀人，是一个非常害人的东西。受疼爱的孩子，身体大都会较软弱，心疼自己，心疼家人，自己和家人都会容易得病。如果人想让家人受苦受难的话，就请千方百计去心疼他（她）吧，人生有时候，我们的好心往往会害人的。所以，人们一定要通过回忆自己的过去，不断去养成活在反省、忏悔的世界中，这是一个非常良好的人生习惯。当你和家人哪个部位得病了，就请反观自己相应的部位，这样不仅可以自疗，还可以治好自家人的病，这就叫作一人修自己，全家都受益。修道得道之人，是有光辉照耀的，这叫作一人修道，全家得福受益。一人得道，古人讲鸡犬都能升天，何况是自家人得病去病？用修道的方法，治疗人的疾病，通常会妙不可言的。

经常头疼的人，一般会有很大的生活压力，同时，也证明其承受能力非常之差。凡是头爱疼的人，大多不是当领导的素质，什么大事都处理不了。不光是头疼，哪里疼都可以参考这个来治。一般人生命运看头，人的额头要是特别的狭窄，或者特别的扁平，说明这个人的怨恨心重，容易招横灾；若是人脸气色污浊，表示此人此段时间运气不好，也说明心情不好。

算命的人，有些人的命运是算不了的，特别是那些真修心的人算不了。今天，大家走入到人生修道觉醒这个课堂，就是步入了修心的征途，就是可以变命之人。不管是什么，如果找到了心灵对应的规律，对应的密码，我们都能够破解、断灭。

父母、公婆、长辈、领导、单位、社会，都是我们的头，人千万不能随便跟他们较劲，否则，人生的命运将会非常的悲惨，因为这是逆天之道啊。现实中，有的人莫名其妙恨慈禧太后、恨秦始皇等，人家是招你还是惹你了？人家的天大还是你的天大？你跟他们盲目较劲，告诉你，你一定会招灾的，你一定会吃亏。有的孩子从小就爱跟自己的父母较劲，殊不知，所等待的可能将会是至少十年以上人生挫折，让其不能随便得以翻身。凡是喜欢跟自己父母们较劲的孩子，就是在断自己的人生的根。倘若根断了，树怎么能长呢？人要是逆天了，上天一定会惩罚你的。人生中，人们必须学会理解一切、宽容一切。只有这样，才能改变有效自己，活得轻松、洒脱、自在。现实的都是合理的。这个世界，没有无缘无故的爱，无缘无故的恨，人生一定要找到自己可恨的地方，努力找到世界可爱的地方，请千万不要随便埋怨生活，埋怨命运。

如果白天疼，一般与自己单位有关；晚上疼，一般与家庭和暗地里有关。抬头头疼跟仰望、景仰、看得起

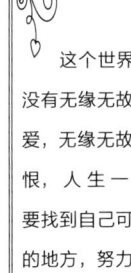

这个世界，没有无缘无故的爱，无缘无故的恨，人生一定要找到自己可恨的地方，努力找到世界可爱的地方，请千万不要随便埋怨生活，埋怨命运。

有关；低头头疼跟轻视、看不起、看着生气有关。连着耳朵疼痛，往往跟不爱听有关；连着鼻子疼，跟沟通有关；连着嗓子难受、疼跟说话有关；若是伴随着热，则跟盼望有关。

脑子迷糊、眩晕

这个跟迷茫、迷惑、不知所措有关。要参："我不应该迷茫、迷惑、不知所措。"还有"我不应该发愁。"也能治疗迷糊。人的忧愁，总会带来头脑迷糊、血稠、血黏等，这样会使人的脑血管受到不良刺激，有事睡不着觉、眼涨、眼疼，人生极易衰老。

中文"愁"字，就像是秋天的没落之心，人越愁越容易衰老。请参："我不应该生气。我不应该忧愁。"人生要学会用高兴的心情，去想自己不高兴的事情，用悲观的心情，去观想自己高兴的事情，这样就可以逐渐达到中庸了。凡是心疼别人，并不是什么好事情，常会无心害人，如同软刀子杀人。大凡心疼的孩子，孩子容易体弱；心疼自己长辈，长辈容易生病。请记住，凡是不理智、不当机的好心、善心，时常会害人不浅的。古人讲，"慈悲出祸害，方便出下流。"这里面就包含了深刻的人生道理，人们可要深思之。一般头脑眩晕的人，大多是些没有主意，懵懵懂懂，晕头转向的人，这样的人，通常都不太适合做一名领导者。

请参："我不应该没有主意。""我不应该忧愁。""我

> 中文"愁"字，就像是秋天的没落之心，人越愁越容易衰老。

不应该着急。"可以治疗头胀，头疼，头晕。请记住，凡是让人头晕的事情，无奈的事情，没主意的事情，都要学会用庆幸的心，高兴的心去反向参悟。并不断地告诉自己，"这真是太好了。"只有用完全相反的心态，才可能彻底治疗好我们头部所患疾病。

头脑经常迷糊，眩晕的人，一般命运都会不太好，人生会较为坎坷悲伤。头胀，表示愁事众多；头胀和人的着急有关，跟想不出来有关。参："我不应该干着急"，这能治头胀、脚胀和眼胀等一系列疾病。古人讲，"越急越不来。"如果我们不用心灵的方法，去治疗自己的身心疾病，所患疾病的外界因素，就永远不可能被根本的改变，修心方能修身。迷糊、晕眩，表示没主意，没人帮。头晕加上恶心，表示所遇到的事情，绝对不能接受，坚决予以排斥。生活之中，许多人明明自己不能接受的事情，硬要去接受；明明不自己喜欢的人，总爱装着喜欢；这样的人生就会非常累了，这样的人，何其可怜。

失眠　神经衰弱

大凡睡不着觉、经常失眠的人，都是脑神经衰弱的人，大多也是喜欢思考，经常思虑的人。人们的思虑连着脾，叫作思伤脾，同时它还会伤大脑的血管神经，属于思虑过敏。这种类型的人大多都会是很敏感，责任心很强的人。这种类型的人通常会喜欢瞎操心，什么事都让自己操心着，根本担不住什么大事情，自心总是不能

参："我不应该干着急"，能治头胀、脚胀和眼胀等一系列疾病。

> 我们治疗失眠和神经衰弱症,最重要的一句话,就是力参:"我不应该发愁。"

趋于平静安详。凡是内心不平静的人,容易会脑神经衰弱,这种类型的人,一般并不适合当领导,一个内心总不平静的人,怎么能够当好领导?大凡脑神经衰弱的人,通常谈不上什么人生幸福,也就是说,一个连安静睡觉都做不到的人,怎么能够人生幸福呢?不就等于经常生活在痛苦之中吗?人的一生,最平静、最没有人烦的时空,就是晚上睡觉的时候了,而你却是神经衰弱,眼睁睁地睡不着觉,表明人生已经生活在地狱般的痛苦中了。

经常失眠的人,大多会非常的痛苦,说明自己的思虑太多了,身体马上就要出问题了。人的思往往会连着忧,忧又伤肺,哪有只思不忧的人?请注意,凡是睡不着觉,经常失眠的人,大多喜爱瞎操心。凡是喜欢瞎操心的人,容易得各种各样的疾病,尤其是肺会不好。人的肺如果不好,鼻腔就会容易出问题,鼻腔连着脑,通于皮肤,肺又主皮毛,皮毛就会容易衰老,脸上会长满皱褶,呈现出色斑,头上会长出白发。我们治疗失眠和神经衰弱症,最重要的一句话,就是力参:"我不应该发愁。"如果人们参时能够经常带着相反的动作和行为,包括亲情在内,那么效果就会更好些了。此外,"我不应该总是背着思想负担,我不应该盲目紧张。"也能够有效治疗失眠和神经衰弱。如果人总是紧张,大脑所有的神经,就会处在一种高度的紧张之中,如果不放松的话,怎么可能睡得着觉呢?紧张就是看重,看重就是重担。请大家在参的时候，心态上要蔑视过去曾经发生过的所有不好事情，一定要充满着微笑，怀着喜悦的心情去参究，去观想，这就叫作乐观之心，千万不能用悲伤之心来参来观。一个爱发愁的人，最好总是用乐观精神来修养自身，这样的效果会非常的显著，作用也一定甚好。

脑热　头麻

脑袋发热，叫作发烧。孩子们是最容易发烧的，因为现在的孩子，获得大人的热情最多，爷爷奶奶喜欢，父母喜欢，亲朋好友没有不喜欢的。大家都给了那么多的热情，孩子当然就会容易发热了，发烧了结。如果谁都不喜欢的小孩，尤其是父母不喜欢的孩子，大多不大容易感冒发烧。在这里，热情表示执着的意思，执是指执着的热情。

脑热，表明火气大。"我不应该发脾气。"能治疗人的脑热。人发脾气，就是热血在沸腾，总处在一种高昂的激动状态，血是往上涌的，脸都会涌红。参："我不应该激动。"这样可以去除脑热。人的激动，通常是一种高度的亢奋。比如，给你某项喜欢的工作，你高度亢奋了，产生了极大的热情，拥有了坚强的决心。这时，你已经过热了，过了一寸都叫作"过"，何况你过热了呢？许多过热了的人，尤其是热情似火的人，非常容易脑血管崩裂，有的人睡觉就离开了人世。这种人容易对

> 一个爱发愁的人，最好总是用乐观精神来修养自身。

> 脑热，表明火气大。"我不应该发脾气。"能治疗人的脑热。

> 人生所做一切的事情，都不如能安住自己的心。

什么事情都太执着、太热情、太容易激动了。凡是特别爱激动的人，往往也特别容易生气，气血容易往上冲。容易往上的情感，通常只有两种心情，一个是激动亢奋；一个是生气发火。这种类型的人，稍有一点的美好，就激动亢奋起来，稍微不如意就立即生气发火了。太热，天一般会用什么来平衡？用太冷来平衡。所以，这种人的命运，往往会受到外界的各种打击，人生命运一般不会太好。

人越是热情，越会有人拖后腿；越想做贡献，越会有人打击来平衡；对孩子过于热情，孩子会用不孝来平衡。人生对什么过热，过热了都会容易伤心的。有的人，对老人孝得太热情了，以至于老人热得给早亡了，自己获得了一辈子的伤心。凡是太热了都会闹，热必闹，叫作热闹。一般爱热闹的人，身体会容易坐卧不安，内心闹得慌。这种闹心的人，非常容易出汗、容易奉献、容易激动。人喜欢出汗，代表付出心重；热代表热情，容易热就容易闹。这种人一般心都安不住，一会儿想这，一会儿想那，心情就像个老鼠一样喜欢东张西望，担心这儿，照顾那儿。实际上，这是一种典型瞎操心的命。由于经常心神不安，外魔必侵入，以至于家中常会出魔障，内院着火，发生各种奇奇怪怪不安之事情，个人和家庭难得和睦与昌盛。请记住，人生所做一切的事情，都不如能安住自己的心。我们自己的心，一旦平静安住了，就能灭除一切着急上火的事情，使人生得到真实的利益。瞎操心，获大害，人心平静才是万能的法则。

有些人，经常头脑麻木，开始是脑皮，然后手脚都会容易麻木，这是脑血栓的前兆。什么事情容易让人麻木？凡事激动得热血沸腾，容易被感动的人，通常会容易头脑麻木，医学称之为感染。凡是看到别人挺可怜，被可怜所感染了，自己出现了莫名感动，甚至不由自主地哭泣，这就是被感染了。有时为什么好人有的不长寿？就是因为太容易同情、感动了，所得大都是些感染的病，非常容易感染到脑，得脑血管病、心脏病，如果还是这样痴心不改的话，人就会非常容易得癌症。自古到今，为什么会有人说好人不长寿呢？这是因为好人见到了可怜的事情，常常喜欢猛操心，瞎忙乎所导致激奋不已弄不好心就亡了。头脑麻木，麻会连着烦，叫作麻烦。头脑麻木所带来的问题，通常会相当的严重的，凡是容易被感动得热泪盈眶的人，所患疾病大多会不好治疗，很难治愈好，因为他们背离了静养、静化的原则。人越是感动，越是哭泣，越是容易直接伤到得病的部位。心脑血管、心脏病，糖尿病，癌症等恶性病人，眼窝大都会显得很浅，给他们一点点的好，就非常容易被感动，常常泪流满面。

请记住，大凡恶性的不治之症，大多是来源于感动、感染。通常而言，大凡是好人往往容易受不了好。一个

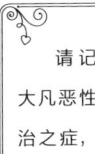

请记住，大凡恶性的不治之症，大多是来源于感动、感染。

> 如果人总是想不通,那么脑血管就会容易不通。请参:"我要想得通。"

人受不了好,就表示这个人的胸量非常的有限,如果给他们一点点不好的话,他们还好受一点,如果要是给太多好的话,就会让他们激动得不得了啦。太激动之后,时常会后脑麻木,大脑一旦麻木,就可能会控制不了自己的四肢,不是偏瘫了,就是痴呆了,再不就是报销了。所以,治疗头麻,人一定要力参:"我不应该感动。""我不应该激动。"还有"我不应该觉得麻烦。"要知道,很多人都很怕麻烦的,故容易得麻烦之疾病。

脑血管病

如果人总是想不通,那么脑血管就会容易不通。请参:"我要想得通。"人的大脑是主思维的,人生一定要特别注意懂得换位思考、换向思维、换角思索。尤其是人生务必要注意,学会转念头,有时一念之转,时常会天壤之别。

一般患脑血栓的病人,通常有这样几大特点:其一,爱较劲。其二,看不上别人。其三,爱激动。其四,爱管闲事。其五,年轻时往往有一定的能耐。但是,七个不服、八个不愤,自恃才高,古时称这种病为"痴病"。有时,人生有多少的知,就会让人有多少的痴。一个知识分子,若是总爱亢奋,就可能会提前得老年痴呆、脑萎缩等各种疾病。

所以,凡是患脑血栓、脑萎缩的病人,一定要努力参如下几项,这样才可能治疗好自己的疾病:

一、我不应该生气（所有的疾病都应该参这项）

二、我不应该较劲。

三、我不应该激动（激动一般会伤人的小脑）

四、我不应该爱管闲事。

五、我不应该看不上别人。

一般眼皮往下耷拉，有一点三角眼的人，大多平时都会看不起别人。这个时候，若不知道赶快反省，就会容易得白内障，眼睛长层膜，再不反省的话，晚年就该瞎了。这种人应该赶紧的忏悔，才可能让自己的眼睛变得明亮起来。请记住，人生千万别总看不上别人，一个看不上别人者，将会不如人的，这是人生的平衡所致。曾经有一位老师，动不动就说学生："你们长个脑袋是干什么的？整天带着个脑袋有什么用啊。你们的脑袋是干什么的？摆弄的？"结果，他自己很早就得脑血栓了，自己的脑袋成了摆弄了。做老师是很神圣的，怎么能够看不上自己的学生？凡是看不上别人者，通常招惹人生灾难。

六、别人不听我的话，这是对的。

大凡脑血栓患者，总是想管住别人，让别人都听他的，必须改了这个坏毛病，才能治好。

请记住，人们在进行反思的时候，一定要将人、事、物一一的分列开来。要分家里的人、单位的人、亲朋好友和自己；自己还要分小的时候、中学、大学、工作单位；事要分好事、坏事、具体到钱财、房子、工作、学

人生千万别总看不上别人，一个看不上别人者，将会不如人的，这是人生的平衡所致。

第二章 明心见性，病由心灭

> "我不应该老是埋怨别人。"埋怨别人，等于埋怨自己。越是怨越相报，这叫作冤冤相报。

习、生活等诸方面。凡是懂得分类的人，才能使自己观照得全面，疾病的清除，才可能彻底干净。人们在反思过程中，无论是历史还是现在，务必详分先后顺序，什么时候观想，你抽哪一块砖，哪一块砖就能出来。也可以先从大事观想，再到中事，最后观想小事。无论事的大小，无论观想什么，根本还在于我们的自心。有的人，事儿特别的小，但是心思特别的繁多，频率发生的高。凡是人的心情累积程度高的事，一定要反复的参悟观照，这样治疗疾病的效果，才会非常的好。

"我不应该老是埋怨别人。"埋怨别人，等于埋怨自己。越是抱怨别人越有反作用，这叫作冤冤相报。许多人，总是喜欢埋怨别人，怨东怨西的，无语就"怨东风"。人的一生，越是埋怨别人，自己会越冤；越怨别人笨，自己会越笨，越不行。越是觉得自己聪明，老年越易得笨的病——老年痴呆症，包括脑血栓，脑梗等心脑血管疾病。凡是患这种类型疾病的人，年轻时大多数都挺有才华，喜欢管理别人，希望别人听他的，一天到晚瞎操心，结果则是，越想管越管不了。如果一个人得了脑血栓、脑梗，这很可能是曾经为自己的聪明非常亢奋激动过。如果人的小脑支配不了下肢的运动，说明爱管闲事，该管的猛管，不该管的还是想管。

我们都只是一个凡夫俗子，只可以尽匹夫之责，天下这么大，你管得了，管得住吗？中文字里，可没有管天管地这样的词汇，我们只能管一件事，管的就是理，叫作管理，管的不是什么天理和地理，只是人理而已。请问，你懂人理吗？如果不懂的话，你如何去管？人啊，千万不要总是自以为是，千万别去胡乱管理，告诉你，谁都管不了别人，每个人都只听他自己的。请大家认真看看，人世间，究竟有多少人是真正的虚怀若谷，谦虚好学，聆听指教的？我们还是学会先好好管管自己罢。人要记住，我们的人生根本就管不了别人。如果管不了，还执着要去猛管，人生就会感到不得志了，还极容易惹来一身的毛病，这是何苦？有什么样的心情，就会有什么样的毛病，有什么样的心情，就会有什么样的性格和命运。

其实，任何人，都不应该经常自恃自己有才华、有能力，人生越是觉得自己能、自己行，总是为自己的能力强，才华大而亢奋和激动，就会越是不得志，越不受到重用，命运越坎坷。请参："我不应该总是觉得自己能、自己行。"这样可以减缓心脑血管类疾病，这就叫作变得谦卑了。须知人生的谦卑是可以治病的。另外，我们应该学会听话，尤其是听领导的话，千万不能不服气，总是跟领导们较劲。告诉你，凡是喜欢跟领导较劲的人，没有几个能笑到最后的，这就如同跟自己的脑袋较劲是一样的结果。请人们千万不要老是爱提意见，这个看不顺眼，那个看不惯的，请人们千万不要不听别人的劝导，尤其是一般人的话总听不进去。请记住，人的心性，有

请参："我不应该总是觉得自己能、自己行。"大家须知，人生的谦卑是可以治病的。

第二章 明心见性，病由心灭

多么的倔强，他的疾病，就有多么的倔强，这样两个倔强是完全成正比例关系的。你这个人有多么倔强，你那个病就有多么倔强，一般倔强的人，得的多是倔强的病，随和的人，得的多是随和的病。什么叫作倔强的病？就是医学上称为难以治愈的病，难治之症。比如癌症，心脑血管病，心脏病，糖尿病，颈椎病，结石等。

我们的人生，一定要学会读懂倔强的"倔"字，中文是单立人加一个委屈的屈，古人这是在告诉我们，人只要处世做人倔强，就准备要一生受委屈了。委屈的屈字，中文同掘墓的掘右面是一样的，这也是在告诉我们，一定要用掘墓人的心态，把自己的委屈之心给掘出去。人生只要这样做到了，那就是一个崛起的崛了，人生定会崛起。一切就看我们究竟怎么去做了，自己到底怎么去觉悟了？如果人生真的能够崛起的话，方能同觉悟的觉这个音相合，才能治愈自己的疾病，使人生变得觉醒起来。试问，世人有多少人敢于向自己的心情，进行掘坟挖墓式的挑战？这是要有弑心贼之大志向的。如果能做到的话，就要大大恭喜了。人这一生，就一定可以了摆脱人生的疾病和艰难困苦了；就一定可以走上真正觉悟之道了；就一定会真正做一个大写的君子。

如何提高记忆力

记忆力差、记忆力下降，这是一种现代疾病。如今的人普遍记忆力下降，记忆力差。是什么原因造成这种现象的？主要是常常看不起别人，总是觉得别人笨所导致的。请记住，在现实生活中，人有时乱说一句话，就可能会招灾惹祸；何况有的人经常性胡言乱语，胡说八道。越是看不起别人，越觉得别人笨，老天就越会让你笨，让你不如人，看看你到底怨不怨自己。你不是觉得挺有能耐吗？那请多多埋怨自己罢。你不是觉得自己很厉害吗？那请多找自己的错处啊。我们的人生之害，多源自于嘴。嘴这个东西，了不得啦，人的口业，这是所有的疾病，所有的灾祸，都必须要重点进行忏悔的课目。在生活中，为什么话少的人，命大多好、事大多顺？因为这种人基本能含蓄住自己的生命能量。话多耗气，沉默是金。更何况，现实中许多人所说的话语，绝大多数都是些无益之语，废话脏话，连篇累牍，严重污染了人的心境。

凡是爱说谎的人，总是害怕别人知道事情的真相，总会千方百计掩饰自己。这样一来，就很难会有什么良好记忆力了。凡是掩盖，就等于把图像增加了一层膜，于是乎，就会对很多事情越记忆越记不清楚了。所以，凡是不直白的人，好说谎、好掩盖自己的人，一般记忆力都不会好到哪里，人也一定会衰老得快。还有一点，经常精力高度集中的状况，也是让人们的记忆力骤然减退的重要原因。比如，看电视连续剧，连续打电脑，等等。

话多耗气，沉默是金。

> 人生激动越多，消耗自己的记忆力就会越多。

请记住，人生激动越多，消耗自己的记忆力就会越多。过去的古人，为什么记忆力多很强？是因为没有什么让他们激动兴奋的画面和事情缠绕在胸中。

现如今，到处都充塞着各种各样刺激性的文艺作品，精美绝伦的图画和狂荡奔流的声音。记忆力，这是我们每一个人都必须长期面对的问题，如果人们经常看电脑，打电脑，看激动人心的电影和电视剧，那是非常消耗自身记忆能力的。你把过去记得多了，现在就会记得少了，如果脑袋里放的东西太多了，现在想放都会放不进去了。所以，古代的修道人，有一句话叫作，"挖空心思。"如果人生真把自己心情和思想都挖掉了，就什么都可以容纳了。修行之人，为什么常会具有超功能的记忆力？就源于他们电影、电视不看，报纸、杂志不读，对外界发生的许多事情，根本不理不睬。如果我们学会常常闭目养神，人的神就会越养越明，越养越灵，越养越精神。吃东西浑浊，尤其是喜欢大鱼大肉不断的人，记忆力通常也会越来越差，因为精神之精是由米和青菜所组合的，而不是酒和肉的组合。

> 如果我们学会常常闭目养神，人的神就会越养越明，越养越灵，越养越精神。

一切所谓美好的东西，都是容易堕化人的心智和精神的。记忆力下降、记忆力差，需要人们进行多方面的反思和忏悔，仅仅只靠埋怨和简单的反省，根本不可能使我们的记忆力有所恢复和逐步的提高。如何才能提高人的记忆能力呢？首先，一定要找到自己过去记忆好，自己时常亢奋的原因。因为过去的高兴和亢奋，一定会成为今天和将来的悲伤。只要觉得自己聪明、自己能干过，将来就一定会以"不行"来进行平衡。其次，有些人老是觉得自己笨，自己不行，充满着自卑感，这样记忆力也不可能好到哪里去。如果人总是反感，或者害怕背一些政治条文之类，害怕背一些英语单词，讨厌知识学习等，都会使自己的记忆力下降变差。总之，只有诸多努力清除干净心灵的垃圾，才能使人的记忆历久弥新，历历在目。

具体地讲，提高人的记忆力，要特别注意参下列几项：

一、首先要参自己学习好、记忆力好时的激动、高兴之心。"我当时不应该那么的激动和兴奋。"

二、记忆力强的人，往往很自豪，通常看不上别人。请参："我不该看不上别人。""我不该看不上父母，我不该看别人笨"等等。

三、记忆力是历史真实的再现。有些人老是遮掩、说谎，导致自己的记忆力不行，请参："我不应该说谎。"还有："我不应该怕人知道。"

四、我不应该不爱看、不爱学。"我不应该不爱看政治、不爱学历史地理等。"不爱看、不爱学，就一定会让你的记忆力不灵的。如果人对学习不生爱心，那么，它就会不爱你，就会惩罚你。现在的孩子，将来记忆力

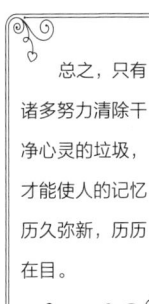

总之，只有诸多努力清除干净心灵的垃圾，才能使人的记忆历久弥新，历历在目。

骤然减退的人会很多,因为已不像上几辈人那么爱学习了。假若学英语学不进去,我教你,合掌对着英语书真诚地说:"我应该爱你,不应该烦你,不应该怕学不会,应该喜欢你。"试试看?你的学习效率会很快提高起来,实际上,这叫作灵性。书会有灵性吗?告诉你,万物都有灵性,心灵相通就行。

困倦

容易困倦的人,喜欢的事情特别多,胡子眉毛一把乱抓,结果因为喜欢的东西太多了,忙都忙不过来,就容易困倦了。

容易困倦的人,通常会有这样几个特点:一是对什么事情都会期望值太高了。这种人,喜欢的事情特别多,见啥都喜欢,胡子眉毛一把乱抓,结果因为喜欢的东西太多了,忙都忙不过来,就容易困倦了,凡事喜欢的人容易困倦。二是做什么事情都缺乏足够的勇气和信心,大凡一个没有勇气的人,特别是没有自信心的人,特别容易产生困倦感。这种人通常对什么都没有什么信心,你要是安排点事给他们做,他们一定会反问道,我能行吗?哎呀,我可不知行不行哟。这种人一般比较乏力,没有什么真正的领导能力。凡事喜欢往后退缩,缺乏足够信心的人,大多数不适合当官,主动领导别人。三是人们特别不愿意的事,最容易产生困倦。比如,自己不愿听的报告,非常容易困倦;有的人不愿看书,拿起书来读,很快就会睡着了,看书成了一种绝妙的催眠术。我们的人生,自己不愿意看到的东西太多了,有的人逛商场不愿看,有的人学东西不愿意看,有的人遇到别人不愿看,不愿看、不愿做,就一定会让人产生困倦,显得无精打采的。

如果要彻底消除困倦,提高工作效能,饱满工作精神,就一定要多参以下几项:

一、我不应该把这件事看得太好了。把什么事都看得太好了,就容易打盹儿。

二、我不应该兴奋。因为兴奋最容易消耗人体巨大的能量,导致身心困倦。

三、我不应该觉得没劲、没意思。为什么有的领导做报告,底下的人坐着就睡着了,还睡得特别香?因为大伙不感兴趣。

小脑萎缩 大脑痴呆

小脑萎缩的病人,经常害怕别人看不起自己。尤其是害怕当官的人,这是被看不起自己的心理所诱导引起的不正常心理。通常,这种人会有强烈的担心、害怕和自卑意识,总是有挥之不去的害怕感,自信心极为不足,怕管不了这,干不了那的,十分担心自己指挥不了工作,长此以往,自己的小脑就渐渐萎缩了。怕就是缩。凡是小脑萎缩的人,时常会处于对工作和家庭的恐惧之中。害怕这、害怕那,一旦自己小脑萎缩了,人的身心状态也就萎缩了,甚至会失去基本的控制能力。就像很多的

兴奋最容易消耗人体巨大的能量,导致身心困倦。

> 凡是担心和害怕，一定会让人畏缩的。

小动物那样，一旦害怕就不会动了。凡是担心和害怕，一定会让人畏缩的。小脑萎缩的病人，一定要多参究："我不应该害怕。""我应该有足够的信心。""没有什么了不起的事。"

一般而言，一个家庭，有一个聪明的人，就应该有一个糊涂的、不太精明的人来平衡。如果丈夫精，太太更精，比丈夫还精，就会傻在孩子身上了。太精了，一定要用太傻来平衡。为什么很多名人之后会多是智力障碍者呢？因为两口子都特别有才华，特别的精明又特别会算计，喜欢用自己的知识跟别人乱较劲，同时又爱激动亢奋，这种人的后代，大多都会容易傻，总生痴呆儿。一般来说，一个家庭里，丈夫聪明的话，太太就应该会比较糊涂，就像你大方，他浪费的道理一样。如果大人要是都糊涂的话，那么孩子就可能会特别的聪明。世间的因果都是周而复始循环运转的，它是一个整体性平衡。

如果人想改变这一切的话，怎么办？必须深深地忏悔自己的小聪明。因为人的聪明所带来的人生成绩和亢奋激动，必须要通过各种的参悟之法，经过自身的忏悔，来进行反向的清洗的。"我不应该显得自己太聪明了。""我不应该觉得自己太有才能了。""我不应该事事太精明、太显摆了。"人的一生，真是不应该总是太精明了。总是聪明过人的话，非常容易遭忌惹祸，蹉跎自己的人生岁月。人生在世，我们务必要学会适度的糊涂，人生难得糊涂啊，糊涂难得。有的人，总是喜欢事事透出一股子精明，结果惩罚出现在了自己的晚年，许多人到老年得大脑痴呆了；有的人，太显聪明过激了，总是喜欢用自己的才华跟别人较劲，不是贬低这个，就是贬低那个，还动不动爱乱发脾气。这样一来，惩罚就不仅仅呈现在自己的晚年了，而且会直接提前在自己的儿孙身上表现出来，家里儿孙们极为容易变得痴呆，至少会有个把子孙难逃此厄运。这就表现出比较厉害性了，造的因果比较严重。

抑郁症 精神病

这个时代，许多人患有各种的抑郁症，且有愈演愈烈之势。抑郁症非常不容易治，单纯靠药物治疗根本起不了什么大作用，解决的方法必须从自身心灵下手，努力去解放心情之结，方能有所奏效。所谓的抑郁症，就是总会压抑自己的想法和情感，没有办法表达自己的想法和情感，内心深处时常自卑、胆小、害怕、孤僻、不合群。喜欢害怕是这类型人的主要性格特征。抑郁症者，凡事抑郁想不开，喜欢钻牛角尖，又偏爱生闷气。患抑郁症的人，凡事又喜欢小题大做，经常会百思不得其解，把小事当作大事来做，心理承受能力极差。这类人的心胸，通常会比较狭隘，封闭程度会非常高。

患抑郁症的人，要经常去一些活泼、浪漫、开放的

> 人生在世，我们务必要学会适度的糊涂，人生难得糊涂啊，糊涂难得。

> 如果人要想从根本上解决抑郁心理，就必须从自身心理上让自己真正的明理，才可能达到彻底的清除抑郁心态。

地方，从事一些开放合群的工作。平时，努力学会把自己的心灵放松开来，让自己心里的情感充分释放出来。当然，他们也可以主动去寻找值得信赖的朋友，或者心理医生，把自己过去所压抑的事情和情感，尽量地宣泄出来、说出来，用谈话的方式，把内在的火气去除掉，这样才可能初步去除掉自己内心的抑郁。但是，如果人要想从根本上解决抑郁心理，就必须从自身心理上让自己真正的明理，才可能达到彻底的清除抑郁心态。患抑郁症者，自己一定要明白，为什么父母和别人会对你要求特别的严格？自己一定要明白，从小被大人心疼和宠爱的孩子，长大了大多会没什么出息，一个总是被别人包容和忍耐的人，大多会显得软弱无力，缺乏雄心壮志，在处世为人上，会存在着巨大的人格缺陷。人生唯有经历苦难、历经磨炼，才可能为自己的未来增福添寿。对待抑郁症者，人们要用春风般的温暖，循循善诱地让他们把内心的话语和情感，充分地表达出来，随后再教导他们自己去努力的参悟，对自己的人生逐一进行反思和忏悔。

一、"我不应该总是担心和害怕。"许多抑郁症者，整天都会处在担心或害怕之中，自身内在极度的自卑和萎缩，缺乏基本的自信力和担当力。

二、"我不应该觉得自己压力大。"大凡抑郁症患者，总是喜欢自寻压力、自找烦恼，好像人生责任如同重大压力容器,已经将他们压迫得喘不过气来似的。

三、"我不应该总是有所忌讳。"抑郁症患者,大都会喜欢各种的忌讳,他们心中所忌讳的事情很多。有时,你跟别人说一句话他都会忌讳;干什么事,他都会担惊受怕,缩手缩脚的。一个抑郁症患者,若要想从抑郁的状态中解脱出来,就必须要学会清洗自己的内心。

在进行人生反思的时候,抑郁症患者必须要用丰富大胆的想象,在自己的思想中,跟所有的人去大声说话,跟所有的人喊叫,甚至猛发脾气。请记住,这个方法比单纯地说出话来,或聊出自己的心里话,会更加有效果。抑郁症患者可以在自己的精神想象之中,跟这个人狂说,跟那个人疯笑,甚至跟别人乱打一通架。凡是原先不敢做的事,都可以在想象中尽可能去做,并努力完成它,请患者千万不要怕丑、怕丢脸。患者完全可以在自己的想象之中,跟自己害怕的人打大架,跟自己喜欢的人疯乐,想怎么打,怎么疯都是行的。患者可以在自己想象的时空中,尽可能开放自己所有的压抑、忧愁和烦恼,让它们充分地释放出去。抑郁症患者,一定要尽量展开丰富和强烈的想象,只要这样长期坚持下去,许多的自我抑郁的症状,就会在自己的身心中慢慢地消失。身心健康、自信、欢笑、喜乐,才可能会再次回到自己的人生旅途之中来。

什么样的人,比较容易得精神病?首先是害怕,其

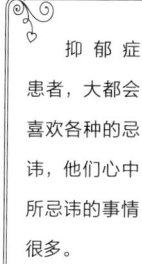

抑郁症患者,大都会喜欢各种的忌讳,他们心中所忌讳的事情很多。

专门喜欢跟自己的亲妈、亲爹、亲爱的人发脾气，且会生气不已，但是跟别人相处时，却又胆小如鼠的人，最容易得精神病。

次是胆小，绝对的胆小，这种人胆小害怕的程度，通常已经达到了超乎寻常的程度。这种胆子特别小的人，还有一个因果，就是专门爱向关心他、爱护他、亲近他的人生气、发脾气。谁爱他，就喜欢跟谁较劲。如果总是跟外人发脾气，一般不大容易得精神病。凡是专门喜欢跟自己的亲妈、亲爹、亲爱的人发脾气，且会生气不已，但是跟别人相处时，却又胆小如鼠的人，最容易得精神病。这种人遇到任何的事情，内心总是喜欢用罪恶的方法去惩罚别人，喜欢想象用枪械或刀子杀人等。这种人罪恶的想法、幻想能力都极其的强烈，害怕别人惩罚他的罪恶幻想，也会十分的强烈。由于这类人自己想象的东西，自己都感到特别的害怕，结果是越怕越招，时间久了，就会出现幻觉了，最后自己出不来了，只有得神经病了结。

很多精神病患者，其实用心灵的方法也可以治疗，甚至可以治愈的。凡是精神病患者，只要还有一点点的自主能力，并不是完全失去了控制，他的家人如果再懂得用正常思维进行协助的话，大家共同进行反思和参究，基本都是可以治疗好精神病患者的。首先，大家要在一起深深地忏悔自己的害怕心理，要先从害怕心理进行反省和反参。任何长久的害怕，都最容易让人出现各种幻境。很多人出现了幻觉，包括一些有功能人出现了幻觉，其实都是些非常胆小害怕的人。凡是胆子大的人，大多会呈阳性，不大容易出现幻觉。大凡阴性的东西，通常容易出现阴影。你听说过阳影这个词吗？只有阴才能出来影，叫作阴影。如果人的阴气重，出来的那个图像，那就是影，影是影响你的，所以叫作影响。其次，大家要努力反复忏悔自己的担心。一定要把所有担心、害怕的东西，全部一个个给剖析开来，从高级到低级等；一定要做到毫不留情、无一例外地进行彻底的反思、反省。害怕、胆小、担心、忧虑、不好意思、顾虑、思想包袱等众多不良的情绪，一定要善用不同的词汇，对它们进行全面的攻击和清洗。大凡有精神病的患者，往往一家子人都会特别的胆小。在这里，一定要懂得用阳光之心、微笑之心，来彻底清除掉这些不良的心理因素，应该反复地念诵：我不应该胆小、害怕、忧愁、担心等词句，在脑海里深刻地冲洗自己精神深处的阴影。

如果说，一家人有一个胆小的，就会有一个胆大的，这还能够相互克制形成一种人生平衡，如果说，全家人胆小，就会有一个人堕入深渊，完全失去平衡，陷入精神病之中来。一定要全家人都共同的反参，这样的治疗效果才会非常的明显。特别是孩子患了精神病，一定要从父母这方面来进行反参，"我不应该怨恨人家。"凡人总是喜欢怨恨人家，这是最要命的一种人格缺陷。精神病患者，大多都是些怨恨心非常重的人，尤其是谁亲近他，就向谁发火，发泄脾气，泄露私恨。一个精神病

> 一定要懂得用阳光之心、微笑之心，来彻底清除掉这些不良的心理因素，应该反复地念诵：我不应该胆小、害怕、忧愁、担心等词句，在脑海里深刻地冲洗自己精神深处的阴影。

> 人生总是害怕，这是招魔惹妖最重要的一个途径和问题，谁怕谁易招魔。

患者，基本上成天都会处在担惊受怕之中。人生总是害怕，这是招魔惹妖最重要的一个途径和问题，谁怕谁易招魔。魔鬼的性格，这是精神病患者主要的人格特征。他们以害怕为主，又喜爱生气，谁对他好就跟谁对着干，专爱跟家里人作窝里斗。精神病患者们总是特别害怕外敌，整天会处在生活恐惧之中，人生的命运悲惨绝伦。所以，治疗精神病，一定要从害怕入手，充分运用心灵反思法，去不断进行彻底的参究，只有这样，才可能达到病愈之效果。

颈椎病

领导为头。如果人总是看不上自己的领导，就会将领导下降放到脖子上来，人就容易得颈椎病了。一个人的脖子，要是像脑壳那么的僵硬，那叫什么脖子？不就变成雕塑了吗？本来在上，硬看不上，就只有给挪下来了，这样脖子就会僵硬了。患颈椎病什么特点？"我不服。""我就是不服。"越不服越硬，最后就彻底变成雕塑了。

怎么检查颈椎是否有病？请看能不能上下左右转90度，不能转就是了。

曾有一个小女孩总是讲："我就是应该不卑不亢，谁想让我随便干什么，都不太可能，我这人就是不应该听别人的。"我说："什么叫作不卑不亢？你低一下头。""我头低不下来。""你扬扬头。""扬不起来。"我说:"你现在都已变成雕塑了,有病了,好吗?""不好。""那就得改,有句话叫作服软,服了就软,不服就会硬。赶紧念:我服了,我服了。" 当她反复念完这句话之后,她就真把自己的脖子给念软了。

什么原因造成颈椎狭窄?什么原因造成颈椎增生?增生比较好治;狭窄很不好治。我曾经给一个学员的父亲,治疗过颈椎狭窄。我说:"颈椎病是因为不服所造成的,不服就会较劲,较劲就会僵硬,僵硬就成病了。"他说:"老师,你这可不成立了,我从来就不跟自己的领导较劲,领导让干什么,我就干什么,怎么会得这种病呢?"我说:"那好了,可能这个理论有点问题,咱们聊聊天,讨论一下。"说着说着,他就上道了,就把题目引了出来。"领导让干什么我都干,但是,这些领导没一个让我看得上的,那么点儿水平还领导我?就他们那样,什么都不是。我只是没办法不听他们的罢了。"我说:"得了!这是内心不服,颈椎管狭窄。你的心思有多内,病就会长得多内。心要外,病就会外,心情的位置,就是人们疾病的位置。内心看不上更麻烦,颈椎管狭窄连手术都做不了,还不如表面较劲呢,表现在外只是增生而已。"

颈椎跟不服气、不服从、看不上等有关。所以,人要想治好自己的颈椎病,一定要反复念这样三句话:"我

你的心思有多内,病就会长得多内。心要外,病就会外,心情的位置,就是人们疾病的位置。

不应该看不上人家。""我不应该不服气。""我不应该不服从。"

领导就是头。人生要尊敬领导、爱护领导，对一切的领导都千万不能够随便地较劲。学生不能跟自己的老师较劲；为了自己的未来，不能随便跟父母较劲。只有这样才能得到天运之佑。大家看看，小的时候不跟自己父母较劲的孩子，人生命运大多会比较好。凡是喜欢跟自己父母较劲的孩子，尤其是女孩，第一关婚姻，肯定会过不去的。告诉你，你已经有逆天之罪了！上天一定会安排一个较劲的丈夫，婚前不较劲，结了婚之后，就立刻开始较劲了，较你一辈子，基本上得把总数凑齐了，把你彻底较倒了才会完事。一个较劲的人，一般容易把较劲的人，招引到自己的身边来，这叫作"物以类聚，人以群分"。如果父母爱较劲，生的孩子会比你还较劲，非把你较倒了不可。你较了多少劲，必然会有多少反向的劲来进行充分的平衡。人要知道：心灵上的挫折也是为了平衡，出去多少，就得回来多少。你气别人多少，就得安排别人气你多少。试问人生，何必总给自己无故添乱呢？一个真正懂得臣服的人，人生常会走向坦途，有福运。

颈椎、腰椎不好的人，一般都会比较执着，倔强。倔强就是固执，一个固执的人，就是石头人。越是硬，疾病会越多，人生遭遇会越曲折。一般随和的人，人生

> 一个真正懂得臣服的人，人生常会走向坦途，有福运。

> 颈椎、腰椎不好的人，一般都会比较执着，倔强。倔强就是固执，一个固执的人，就是石头人。越是硬，疾病会越多，人生遭遇会越曲折。

病由心灭

命运都会不错的。"上善若水。"上等的善人总像水一样的柔软。"水善利万物而不争，处众人之所恶而不怒，故几近于道。"水火不相容，但是，火能将水给度上天空，变成彩云。魔能度人成佛，不磨人不成佛。人生的磨难，总在提示我们：人的一生，要觉醒，要思过，要忏悔。人生最大的灾难，往往是最能促使人们改变自己命运的。究竟有多少人知道，挫折和困境是度化人用的？其度化的程度与挫折困苦一样的伟大。请记住，凡是人生的磨难，都是来度化人的，请千万不要随意埋怨、指责和仇恨。自古圣贤们，总是充满欢喜心去主动迎接各种各样的人生磨难，让人生磨难净化自己、空灵自心。

请大家认真去参较劲和生气两项，这样容易缓解相关病灾，缓解颈椎病。

肩周炎

干活，本来是一件人生的好事。但是，许多人非常容易起怨恨心："我伺候老的又伺候小的，一天到晚，你们什么都不干，都得让我干。"如果人生总是这样一种心情，就一定会得肩周炎，身体会日渐变得僵硬。

请问，干活跟到健身房去健身有什么分别？去健身房还得花钱，出了汗也认；在家里干活不一定出汗，没那么累，也不花钱，干了活还唠叨半天，这是何苦？为什么许多人总是喜欢自寻烦恼，自找苦吃？请记住，人

> 水善利万物而不争，处众人之所恶而不怒，故几近于道。

> 古人常讲：文以载道。

生的烦恼都是自找的，辛苦都是自作自受的。中国的文字里，早已包含着天地人的大道理。中文是一种智慧文字，不光是讲话传意，更主要是蕴义丰富深刻，为了让人们去思悟生活，能够觉醒自己的生命。古人常讲：文以载道。文字是载道的，你知道这个秘密吗？

请参："我不应该埋怨。""我不应该生气。""我不应该怨恨。"

呼吸系统疾病

肺为相辅之官。主皮毛，开窍于鼻。皮肤就是一个大肺叶。如果人面色苍白，皮肤干燥，皱纹较多，这是其肺不好的征兆。

忧伤肺。林黛玉见花开花落猛掉眼泪，所以20岁不到就死了。现在，很多的老人一看电视剧，就被剧情所转，喜欢掉眼泪，这可是麻烦了，弄不好活不长了。

释佛为什么生下来，一手指天、一手指地说："天上天下，唯我独尊。"是不是佛陀在贡高我慢？不是的。我们理解的是，天上天下，只有"我"的心最大。"我"的心，就是宇宙，谁能让"我"心动？"我"的心，自始至终都处在如如不动之中。一般的人，常会喜爱忧愁，有的人，还特别喜欢忧国忧民……可是操心了。中国足球踢不出去，自己在那儿常哀叹，猛悲伤，掉眼泪，你说这挨得着吗？瞎操心个啥？这些都是有因果原因的，都是一种自然状态，人就别瞎操心了。如今，老人们可是爱操心了，头发都白了，还生命不息，操心不止呢。头发白，说明自己操心消耗能量大了，告诫人们要格外注意少操点心了。凡是操心大的人，首先肺容易不好，不容易得个好命。越是操心，人命越不好。人生根本就不是好心去操心，就一定会得到好命运的。请记住，人的心情不动，就是不去消耗自己的生命能量，才是最好人生之命运。

能量消耗理论表明：人的一生，所有的能量，都不能随便乱去消耗。看得多，消耗眼睛能量；听得多，消耗耳朵能量；说得多，消耗嘴巴能量。有的人说："周老师，你老是这么讲课，一讲一天，坐着听都觉得挺累，你累不累？""我要是平静了，就不累了；不平静就会累。"人平静了，就进到了自然的状态，反正嘴在说，自己也不知道谁在说，我不用想，它就在说。

为什么很多老人还没说几句就会咳嗽？因为总是用盼望心在劝："你怎么还没起床，我是为你好；你看你怎么还没穿衣服，还不吃早餐？"人生要是老这么的说话，内心肯定会不平静，不平静就会伤气，到底伤不伤，关键在自心。并不是看多了，就一定会伤眼睛，看多了，心里分别美的不美的，划分喜欢看和不喜欢看的，这般的执意分别，就一定会伤到眼睛的。如果听多了，没有任何的感觉，就不会伤耳朵的。人的一生，我们始终要

人的心情不动，就是不去消耗自己的生命能量，才是最好人生之命运。

第二章 明心见性，病由心灭

锤炼的就是"视而不见,听而不闻"这种置身度外的空灵心态。

怎么治疗肺的疾病?不管是感冒、鼻炎、气管及支气管的疾病,人都应该念:一、"我不应该忧愁。"二、"我不应该担心。"忧愁、担心是双向的,既有害怕的一面,又有悲愁的一面,既伤肺又伤肾。三、"我不应该悲伤。"悲则气下。四、凡是此生盼望,而没有实现的,一概反向更改程序,"没有实现是对的"。

> 我们始终要锤炼的就是"视而不见,听而不闻"这种置身度外的空灵心态。

感冒怎么参?治疗之时,人们一定要先参感冒前三天之内的事情,同时,努力利用这次感冒机会,将以往所有的着急、盼望都给参了,这样会将其彻底清除干净的。

人之肺,内部没有什么感觉神经。人的感觉神经,越往里面内脏会越少,越往外面皮肤会越多。西医理化检查,发现人体没有实质性的变化,就说人没病,顶多只是神经官能症而已。其实,许多人体没有实质改变时,就已经在生病了。

> 感冒怎么参?治疗之时,人们一定要先参感冒前三天之内的事情,同时,努力利用这次感冒机会,将以往所有的着急、盼望都给参了,这样会将其彻底清除干净的。

比如,"梅核气",好像有一个东西卡在喉咙里,其实就是一口气,用西医检查不出任何东西来。很多的疾病,西医不能诊断,中医却往往能够预断,甚至有些医院的诊断,还不如一个会摸脚的按摩师,你到医院去检查说没病,但是按摩师说你哪儿疼保证准。许多的疾病,等到西医检查出来时,就已经太晚了。中医查病,

病由心灭

较西医会更加具体并且提前,西医在这方面滞后于中医,西医必须有了物理化学变化,才能检查得出病来。当然,人们一定要找到明白的中医,现在大部分的中医师,都是中西医结合的,被西医牵着鼻子走了,根本没有真正掌握到中医的精髓。

许多人咳嗽、痰多。痰多参什么?"我不应该多说话。"还有"我不应该嫌别人说废话。"说废话就出废痰;说脏话就出黄痰、秽痰。

肺开窍于鼻,五行属金,故主财运。鼻子不好,就代表肺不好。气管、支气管和鼻子都是主交流、交换的。

有一次,一位女士的气管不好,我问:"你跟谁交流不了啦?""是这样,我跟丈夫、跟妈都没法交流了,志向不一样。"没法交流,气管就会不好;没法沟通,鼻子就会不好。现在,很多人的鼻子堵、不通畅,这就在预兆着你的事业、学习、财运、爱情、未来等,都可能会一概不通。人的鼻子不通,一生的麻烦事可就多了。过去看相,财运主要看鼻子,鼻子若不通,千万别去投资,很容易赔钱的。孩子鼻子不通,表示不愿意和父母、长辈进行沟通;大人则多表示不愿意跟爱人沟通;老人多表示不愿意跟单位的上级相沟通。所有这一切,都应该去参:"我要好好跟父母、老师、长辈、爱人、单位、上级沟通。"凡是不爱跟父亲沟通的人,容易左鼻孔堵;凡是不爱跟母亲沟通的人,容易右鼻孔堵,男左女右。

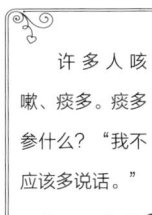

许多人咳嗽、痰多。痰多参什么?"我不应该多说话。"

> 平静的善良，才是人生真正的善良。

同时还要注意参："我要好好跟别人联系。"这并不是指要天天去跟人家攀缘，而是要你把那个不愿的心理给参通了。

曾经有一个孩子耳朵堵、不通，听力极差，为什么这样子？极为不爱听父母亲说话。不爱听母亲说话右耳聋，不爱听父亲说话左耳聋，一个对应一个。其实，我小的时候就右耳聋，因为我很不爱听我妈唠叨，总是会把耳朵堵上，后来就真聋了。不爱沟通并不是不爱听，大多数是两人观点不一样，故鼻子容易不通。原来，我也有鼻炎，我小时颇有个性，后来我明白了"父母是天"的道理，明白问题出在自己的身上。就开始总在参："以前我不跟老师、班委、单位领导沟通，这是非常不对的。"我一边参一边在想像中，与他们进行充分的沟通，并非是在现实中直面沟通，后来我参通了，病也就好了。

肺主盼望的心情。人若这一生鼻子、肺不好，那将是盼什么，什么不来的命运。肺不好，请参盼望的问题："我不应该盼望。"不仅可以治疗肺部疾病，同时也能改变没有实现的某些盼望。

心脏疾病

心脏病，一般会连着脑血管。不管什么类型的心脏病，都同人的兴奋、激动密切相关联。人的心脏是人体中心，主气血。《黄帝内经》讲，"喜伤心。"什么叫喜？所有过于高兴的、激动的情绪，都是喜，都会伤害到心脏。凡是一个心脏不好的人，一定要努力学会克制住自己的激动兴奋心，多多的平和，多多的平静。平静的善良，才是人生真正的善良。经常性感动，等于伤害自己的心脑血管；经常性着急，等于伤害自己的心脏，易得冠心病。人生中，我们要特别注意去除掉自己的激动心情，让自己的心脏真正安静下来、平和起来。我们要学会忏悔："我不应该着急，凡事慢慢来。""揪心的事，一定要放得下。"所以，人的心脏不好要力参："我不应该激动。""我不应该过分得高兴。"

什么叫喜？所有过于高兴的、激动的情绪，都是喜，都会伤害到心脏。

有时候，人在高兴之极能给乐死，像《岳飞传》里的牛皋既是如此。如果人没事总乐，乐大了可就不行了，过喜伤心，乐极生悲。人生去除了兴奋之心，也就去除了悲伤之情。俗话说得好，"别高兴得太早了。"只要是高兴，永远嫌太早了。有一个人，挣了6万块钱，特别高兴，见到我喜气洋洋的，手舞足蹈。我说："只要高兴永远太早。"结果不久，他就丢了4万多块钱。

人生有福报不消耗，人的福报可以转化为功德。人若依赖福报，消耗福报，并以此为乐的话，就会"福兮祸之所伏"了。

心主神明。一般比较重要的人或事，人都会放在心上。所以，认真参悟重要的人或事，能够有效缓解各种各样的心脏疾病。

心主神明。

第二章 明心见性，病由心灭

有的人问："我怎么总是觉得窝心？"生闷气，就会觉得心窝疼。有很多的人，心窝总是特别的难受，医学上对心窝这个位置不好确切的诊断，它与心、胸膜、脾、肝、胃等都会有所关联。实际上，就是窝心的事，自己过不去。请参："我不应该觉得这事很窝心。"这样就可以治好心窝难受、心窝堵。人有什么样的心，就会得什么样的病。

> 窝心的事，自己过不去。请参："我不应该觉得这事很窝心。"这样就可以治好心窝难受、心窝堵。

心绞痛

心绞痛和心疼有关。比如，伟人去世我们心疼；孩子得病心疼；小动物死了心疼等等。所有的这些心疼，就构成了心绞痛。一般都是会闷痛、隐痛。参："我不应该心疼。""凡事不必心疼。"

同样，怨恨心也容易得心绞痛，一般都是一种刺痛。请参："我不应该跟父母、丈夫、孩子等重要的人生气。"这样能有效地缓解心绞痛。

有一个病人，我一看便问："怎么你家的小狗在你的心脏上？重要的人才放在心上，你怎么把狗放在心上了？"她说："对呀，我可喜欢这个狗狗了，我把这个狗狗看得比自己孩子还重要、还觉得可爱。"请记住，你把它看得有多么重要，它就会往多么重要的地方去，你要是把它给供起来了，它就会往你的脑袋上去了；你要是把它当作孩子了，它就会往你的子宫里去；你若是拿它不当回事，它就会往你的腿上去。请记住，对于宠物，

> "我不应该跟父母、丈夫、孩子等重要的人生气。"这样能有效地缓解心绞痛。

人的心理定位有多高，它去的地方就会有多高。

心脏搏动间歇（偷停、突停）

偷停、突停就是暂时性中断，和人的重大害怕有关。

有一位女士，经常心脏偷停、突停，也即间歇，我问："你最怕什么事停下来？""工资呀，最怕工资停下来。我要退休了，单位退休金保证不了，孩子上大学的费用就解决不了啦。"单位想让她提前退休，可她不想退。我说："你把这件事彻底想开了，你的病就会好了。"

有的时候，我们不仅要参生活中的人、事、物，还要参历史上的人、事、物。现如今，许多人对于电视中的事情，特别容易感到心疼，这个也要认真仔细去参。现实生活中，许多人心疼的事儿并不多，各种电视剧已经越来越成为一些人得病的原因。请记住，凡是随便乱动心情，就会得病，得病就是招灾。

一般而言，初期心脏不好，西医很难检查出来。有时检查说没病，但是中医可以提前预断。现在许多的中医，喜欢依赖西医理化检查的方法，没有真正发挥出中医优势来。人生最大的幸福，莫过于身心健康。病不见得你感觉出来了，就一定会得病，疾病大多会有潜伏期。没有症状时，只要你有了心情，就要反参。

心跳过速

心跳过速，一般是因为着急加上害怕。请参："我

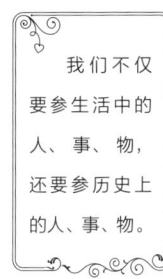

我们不仅要参生活中的人、事、物，还要参历史上的人、事、物。

不应该着急。""我不应该害怕。"

心肌炎

参：和自己疼爱的、亲爱的、重要的人上火着急了，能够治疗好心肌炎。

心脏瓣膜疾病

心脏分左右心房和心室，像是一个水泵，主打血的。

有一个老人，二尖瓣关闭不全，我教他参关不严、管不了、没关上等相联的事情。于是，他想起了多年前，一次夜班时，忘记了关水龙头，结果整个工厂发大水，损失十分惨重，令他非常的后悔。他一想起来就后悔："我怎么没关上呢？"久而久之，自己的二尖瓣就关不上了。请记住，人生你念什么，就会发生什么，都会是灵的。

肝胆疾病

肝

肝属木。将军之官，怒伤肝。木性的人，容易肝不好。

爱生气、怒气重的人，肯定会肝不好。"怒"字，心上面是个奴字，表示发怒乃奴隶之心也，人心受到外物的奴役。人怒属于极右，离自己心脏很远。极右的人，大多是将军之命，不控制好自己的脾气，很少有好命之人。爱发脾气、走极端的人，都是些青年之命，大多数等到了中年之期，人生灾难就会来了。岳飞精忠报国，

> "怒"字，心上面是个奴字，表示发怒乃奴隶之心也，人心受到外物的奴役。

为什么这么命惨,被奸臣所害?因为太右了,"怒发冲冠",招致死灾。

大凡有"将军"性格的人,都会特别的倔强,像牛一样的强势,总是吃力不讨好。牛老死了,或者牛累死了,主人还要把牛肉给全部吃掉,别人不会夸牛,只会夸奖主人。一般而言,凡是特别能干的人,大多会离领导比较的远。请记住,我们人生要学会像猫一样,乖巧、平和、温顺,关键的时候强大。大凡猫的命,尤其宠物猫,通常会很好。凡是讲义气、不懂道的人,大多数会有肝胆相照之气魄,忠肝义胆之胸怀。但是,绝大多数都会喜欢较劲,怒气重,自己的怒气之心常把自己给杀了。从历史上看,特别讲义气、爱打抱不平的人,人生命运大多数并不好。因为他们不是在替天行道,只是在凭借个人的情感,去充当自然力惩罚别人,人生命运当然不会好。一般有"将军"性格的人,都会特别容易被那些甜言蜜语的人所打倒的。

从古至今,凡是爱发脾气的人,人生命运通常不好。不管你是正义的,还是非正义的;不管曾经干了多少好事,还是干了不少坏事,都会一概进行平衡。在人生中,凡是主得了天下,可以担当大任的人,都是那些胸怀远大,见识卓越,拥有平常心,能够安静平和的人,能够笑到最后的人。凡是"将军"之人,大多是早年之命,大多曾经太辉煌、太亢奋了。

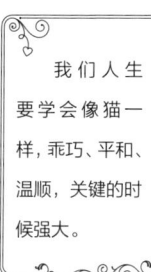

我们人生要学会像猫一样,乖巧、平和、温顺,关键的时候强大。

> 肝属阳，主目，主筋。肝气重，主决断；具有解毒功能。

肝脏，所对应是胰脏。胰脏是主甜的，主伤心的。糖尿病，就是胰脏坏了，人的分泌胰岛素功能坏了。肝在右，胰在左，它俩一反一正。凡是得糖尿病的人，通常总会希望别人夸奖自己，一旦别人对他好一点却又受不了；自己付出了一点点，总是觉得很多很多；总认为自己是好人、善人；好心、善心。通常，患得这种病的人，个人心胸比较的狭隘，爱后悔，疑心重，总是感到好心难得好报。人不夸奖，他会生气，夸了他又总是受不了。

请参："我不应该生气。""我不应该心胸狭隘，疑心重。""我不应该受不了伤害，总感付出心重。""我要宽容别人，原谅别人。""我不应该总是觉得自己是好人。""我不应该总是受不了好，受不了坏。"

为什么中国的肝病，尤其是乙肝特别的多？甲肝是发脾气，乙肝是窝囊和委屈的心情。甲状腺疾病，它是憋气憋在了脖子里了。在中国，感到窝囊和委屈的人，特别的众多。为什么很多妇女肝会不好？她们总是觉得自己窝囊，总是觉得自己委屈。

肝属阳，主目，主筋。肝气重，主决断；具有解毒功能。肝的外叶，表发脾气。患了甲肝的人，大多会有强烈的怒火，倔强如牛，只会干活难有收获。人受不了什么委屈，结果一生大多遭受委屈之命，吃死了脾气亏。这种疾病患者，特别喜欢被人吹捧，尤其喜欢甜言蜜语，大多"外强中干"。凡是乙肝患者，大多数喜欢生闷气、着急，窝囊、委屈、无奈感重。窝囊、委屈之气，常会伤到人的心窝，而心窝附近又有肺叶、心脏、胰脏、肝尖等众多的脏腑相连，会直接对它们发生不好的影响。这类型疾病患者，经常幻想伸张正义，却总感被人压制；常觉自己有能力，却总是不得志；平时自恃才高，却总感无法发挥，心不甘情不愿的。请参："我不应该生闷气。""我不应该觉得窝囊、委屈。""我不应该不甘心。""我不该有怒火强忍着。"

肝开窍于目，怒则气上。一般怒气重的人，也易得甲亢。怒火重的人，眼睛容易看不见。白睛发黄，表明肝火强盛。有的人，肝火盛到脸色都会发黄，凡是脸色太黄的人，大多是肝火盛，黄种人就特别容易肝火盛。外国人不容易像咱们这么爱生气，他们认为，你领导我、让我干这干那、开除我等等，你有你的权利，我才不会跟你瞎生气哩。中国人不一样，领导让干什么，都极其容易生气。领导找小姐你生气，搞不正之风你生气，甚至看看电视你也生气，这跟你挨得着吗？生气的面儿是不是太宽了？整个就是瞎操心嘛！生气，总是伤害自己最大；生气，就是在一味践踏身心健康；生气，就是在无情摧残人生命运。

曾经在北京治疗过一个肝硬化晚期的病人，都已经出现回光返照了，家里人连寿衣也都全部准备好了。我说："回光返照，这是自然力给人生最后的觉悟机会。

肝开窍于目，怒则气上。

> 生气，总是伤害自己最大；生气，就是在一味践踏身心健康；生气，就是在无情摧残人生命运。

人在临终回光返照时，回忆能力可以回溯到3岁左右，有的甚至可以达到零岁。这个时候，人生全部的历史，都会清清楚楚再现出来，为的是给人的生命最后一次觉醒的机会。许多人不觉醒，就死掉了。有的人觉醒了，还可以重返人间。"当时，这个人所看到的已是地狱之相了："哎呀，我太难受，我不想去那儿，那儿太可怕了。"我说："这个时候，你一定要听劝，请认真的忏悔自己脾气，请认真忏悔自己的生气，赶快回头是岸。"这一生，他的气性特别大，全家谁都惹不起他，单位领导也整不过他，才50多岁，只能用重病来惹他了。这时候，他开始认真忏悔了，哭天抹泪的，一会儿时间，生命就发生了重大的改变，结果他没死。医生很奇怪："怎么没死呢？""我凭啥死呀。"实际上，他有绝招儿，一个劲儿猛忏悔。这个时候，他真的认识到了自己的错误，"爱人对我那么好，我还老跟人家发脾气。我跟这个发脾气，跟那个发脾气。一生总是发脾气，脾气耗尽了，人就得死了。"人的心情，虽然看不见、摸不着，但是，它是真实的一种客观性存在。

多年前某市流行甲肝。甲肝是因为生气，想发泄出来发泄不了，总想争理。那次的导因是北京涨了一级工资，没给那个城市涨。医学上说甲肝是会传染的，结果，有几个天主教徒，整天跟甲肝病人密切的接触，也没有被传染。有一位记者，采访问他们，"你们为什么不得甲肝？"他们回答："主给我们传福音。"真是主在传福音吗？这里我们要画上一个问号。"我们跟病人一起吃饭，都没得上甲肝，结果坐在对面桌上的人倒给传染上了。"记者根本就没有理解出来，这是什么意思，现代医学也解释不通。后来，我见到了他们中的一个人就问："为什么不给你们涨工资，你们不生气？""因为主不给我们涨工资。"把包袱扔给了主，人不就不生气了嘛，不生气，没有心，当然不会受传染了。还有这样一件事更有意思。非典期间，天津某高校有一外地学生患病，同是外地学生的好友，不惧自身危险，自愿去照顾他，他们一起进了隔离病房。病房要求医护人员查房时，病人一定要戴口罩，陪护人员平时也要戴口罩进行预防。不知什么原因，他们俩共用一个口罩，医护人员查房时，患者将口罩戴上，待到他们离开之后，好友又将口罩的另一面，罩在了自己的脸上。一直到出院，好友也未被传染上，时至今日，这件事仍令许多医护人员大惑不解。我们信佛的人，也要学学人家卸包袱法，一定要学会把包袱扔给佛。佛安排人家骂我、不还我钱、爱人跟我较劲等，这样不就不生气了嘛，自心不就平静下来了？

　　甲肝要参：一、"我不应该生气。"二、"我不应该发脾气。"这两项不仅治疗甲肝，也能治疗肝癌，一切与肝相关的疾病，都要参这两项。

> 我们信佛的人，也要学学人家卸包袱法，一定要学会把包袱扔给佛。

第二章 明心见性，病由心灭 | 077

> 肝属木，木生火。肝火盛，心火也盛。肝脏不好，心脏往往也会不好。木克土，肝火盛，脾胃也不好。

乙肝要参："我不应该觉得窝囊、委屈。"

脂肪肝要参："我不应该不甘心。"越不甘心，肝会越大，肝不可能长得太大，只能用脂肪来填充了，肝是化脂肪的。

肝属木，木生火。肝火盛，心火也盛。肝脏不好，心脏往往也会不好。木克土，肝火盛，脾胃也不好。

胆

木色青，肝中间藏着个绿色的胆。

有些善良而内心暗地较劲的人，非常容易得胆结石。一般胆不好的人，可以摘除，说明这个人还可救；肝不能随便的摘除，说明肝病的业力，要比胆病的业力为重。

胆属阴，中正之官。化油腻，惊伤胆。主对错，爱争辩。胆气足的人，经常喜欢辨明是非对错，在道理上会比较认真，喜欢争理不饶人。患胆结石的人，总是会觉得自己特别的正确，一副真理在握的形象。凡是不能吃油腻、爱争辩、容易呕吐的人，都很可能是胆结石患者。

胆石症请参：

一、我不应该较劲。

二、我不应该争辩。

三、我不应该生闷气。人的胆，在肝的中间，生闷气闷在里面，胆就一定会不好。生闷气，比发脾气伤害人会更大，因为发脾气至少还能渲泄掉一点儿。

生气，展开讲有很多的项目，不同的词，能够使人产生不同的联想：

一、我不应该发脾气。

二、我不应该生闷气。

三、我不应该怨恨别人。

四、我不应该觉得憋气。

五、我不应该看着来气。

六、我不应该气别人，或者我不应该让别人生气。

七、有的人颈椎和肝都不好，请参：我不应该不服气。越不服气，肝火会越盛。

八、我不应该不甘心。

九、我不应该想不开。

十、我不应该倔强。

十一、我不应该管人家。

十二、我不应该较劲。

十三、我不应该和人赌气。

十四、我不应该看不惯。

如此等等，这些都会和人们生气有着密切的关联。每项产生的回忆不同，涉及的面，就会不一样，一定要参全了。

脾胃肠道疾病

脾胃属土，后天之本。木克土。思伤脾，故生气、情志不舒、多思多虑均会伤到人的脾胃，特别是文人、

脾胃属土，后天之本。木克土。思伤脾，故生气、情志不舒、多思多虑均会伤到人的脾胃。

> 脾胃，乃容纳之官。肠道及消化系统，乃变化之官。

知识分子容易如此。在这里，可以参考肝的病来参。人的脾胃不好，大多与压力感存在着密切的关系。凡是精神上有消化不了的事情，人的身体相应部位也会消化不良。凡事总喜欢往坏处想，总是担心、放不下的人，容易得消化道胃溃疡。

脾胃，乃容纳之官。肠道及消化系统，乃变化之官。一个人经常性呕吐，食管哽咽困难，表示这个人自己不喜欢的东西多，讨厌的物品多，表面上总是装得喜欢接受，实际上，内心非常反感，并不接受，心不甘、情不愿的，结果干什么事都不太顺畅。胃本是接受之官，爱吃能容。能吃盐的人，表示能够接受严酷的考验；能吃辣的人，表示肠胃受得了刺激；能吃糖的人，表示喜欢接受美好的甜蜜；能吃酸的人，表示易于伤感，伤感事儿多；凡爱挑食的人，肠胃都会比较窄，交朋友挑人；凡口味重的人，说话口气重，弄不好会歇斯底里；爱吃油的人，说话多会油腔滑调，人容易肥胖；爱吃甜的人，说话总是甜美的、淡淡的。

请记住，凡是喜欢挑他人毛病的人，大多是自身毛病比较多的人。一个不能吃油腻的人，大多会有洁癖，肠胃不会很好。

经常胃胀，这是贪吃之象。表面上什么都可以接受，内心实际上多不接受，结果只能淤在胃里，弄得自己左右不是，有苦说不出。经常胃胀的人，接触别人多了，总爱找人家的毛病，让别人不愉快；总是喜欢一股脑儿搞定所做之事的人，缺乏必要的耐心和耐力。胃胀的人，要多参："我不应该贪心。""我要多理解人，接受人。""我不应该烦人家。"

十二指肠不好，表示同别人接触中，出现了比较严重的问题，交流不畅，交往受阻，患这种病的人，总是喜欢看到别人的错误和缺点。请参："我要和别人好好相处。""我要接受人家的毛病。"凡是小肠不好的人，大多表示爱挑自家人的毛病，尤其喜欢同最亲近的人挑毛病。阑尾炎发作，常表示这个人，同别人相处得不和谐，着急上火。如果大肠出现问题，表示要格外注意利益心理，变化的利益、得到的利益、维持的利益、付出的利益等一系列问题。请记住，人生要懂得如何去进行反思。一定要学会带着悔改之心，去反思利益、反思心情。肠道就像是古栈道一样，吝啬的人、不愿意付出的人，大便易于干燥。经常寒心和伤心的人，总是觉得别人对自己不好，所以容易胃寒。胃出血，表示与别人相处发生了冲突，受到了利益上损失，自己心理受不了啦。大便出血，常表示因为花钱不当，造成了重大的金钱损失，自己心理十分难受。大便憋不住，表示自己有钱想花，可不知怎么花，或花不出去，人感到很憋屈。小便憋不住，表示这个人小事忍不住，气量太小，耐力太差。

总而言之，脾胃肠道疾病提示我们：人有什么样的

凡是喜欢挑他人毛病的人，大多是自身毛病比较多的人。

心理，自然力会安排什么样的疾病来进行表现。一般而言，世俗之人，大多数会心胸狭窄，受不了别人的冤枉和委屈，难容违逆的人情事故。人世间，一个人必须学会什么都能够去容纳，就像大海纳百川，不舍众流，只有这样人的胸怀才会日渐宽阔、厚重，心情才会日益美好、舒坦起来。容易，容易，容了才会易；容了就会简单、就会轻易、就会省心，就会发生各种各样美好的变化。在现实生活中，人生既要大气、大度，又要平淡、低调。如果人生总是觉得世界脏，那么世界就会让你脏。面对各种的人生疾病，人们若是能够真正的安然、淡泊，许多疾病自然会转化与消退。在人生旅途中，人们务必要学会接受一切、宽容一切、理解一切；充分包容人、包容事、包容环境，包容一切人生不如意。只有这样，我们的生命才会丰盛、丰满、丰富。

人生要学会向水学习，敢于流向最低处。大海因为处低位，纳百川，有容乃大。水总是让人敬畏、敬仰、敬佩。众水因为敢于流向低处，才能汇聚成大湖大海。水还能蒸发升上广阔的天空，变成朵朵的白云，装饰浩瀚的苍宇，演绎风云，启迪生命。

肾脏疾病

肾属水。乃作强之官，主骨生髓，通于脑。一般肾不好的人，通常会脑袋容易萎缩。"其华在发，"头发上会有白发显露出来。一般头发显白，表明肾在亏。肾"开窍于耳"。为什么古时养生的人，没事就会搓搓耳朵？如果人每天每次十分钟，天天坚持做，肾就会一生健康。早晨起来先干洗脸，搓搓眼睛能强化肝，搓搓耳朵能强化肾。肾主技巧，"技巧出焉"。肾主聪明技巧，因为它通于脑。

"恐伤肾。""恐则气下。"治疗肾病必须从恐字——担心、害怕开始去参。请参：我不应该担心害怕。

"恐伤肾。""恐则气下。"治疗肾病必须从恐字——担心、害怕开始去参。请参："我不应该担心。""我不应该害怕。"这样可以治疗肾病。肾病，一般以虚症为主。人体上面的疾病，多以实症为主；人体下面的疾病，多以虚症为主。虚症是以不及类心情为主的，如担心、害怕等。向上的心情往上去，如怨恨心，向下的心情会往下来。虚症，一般西医检测不出来，很难断症，总需通过问诊才能知道。中医讲左肾为肾，右肾为命门，也有一种说法，认为两肾中间为命门。"肾乃先天之本。""脾胃乃后天之本。"我们认为，右肾为命门，右肾不好的人，生命力差，会影响生命的延续；左肾不好的人，尽管很虚很弱，但是能活，问题不大。

有的人，虽然知道肾不好是因为害怕引起的，但是展开得不够，总爱说："我没有什么害怕的事。"人这一生，害怕的事太多了，比如：工作上担心，怕干坏了；学习上怕考不好；见了动物害怕；等等。我们一定要学会千方百计去展开自己的联想，只有充分展开来参悟，

"肾乃先天之本。""脾胃乃后天之本。"

才可能彻底清除自己心灵的垃圾。

谨小慎微也伤肾。请参："我不应该太谨慎。""我不应该太小心。"这样也能治疗肾的疾病。

> 谨小慎微也伤肾。

尿毒症怎么治呢？肾是主选择的，选择血和尿的。人要是老后悔，又胆小怨恨，人的肾就会容易崩溃。后悔就是，"我选错了，我选错了。"曾有一个28岁的女孩，得了尿毒症，为什么会得这病？因为她为了自己的错误婚姻，每天生活在悲伤之中，总是暗暗不停念叨这句话："我后悔死了，我选错了，怎么会跟他结婚呢？"我教她参："我不该后悔。""我不应该为选错了后悔。"就是这样简简单单的两句话，不仅能够治疗肾病，特别是对尿毒症会有疗效。越是认为自己选错了，选择的功能就会越失调。原来，她的腹水也很严重，通过这样不断反参和参悟其他的话语，没出三天，她就排出尿来了。经过一段时间反复的试验，现在她的病，已经有了相当明显效果了。目前，全国各大医院采取的透析法，是一种非常残酷的方法，在体外循环。肾越不用，功能越会退化。

腰椎尾椎疾病

很多人腰不好。实际上，肾与腰不一样，肾偏于上部。有的人腰疼是肾引起的，有的人腰疼，却是直接由腰引起的。肾乃作强之官，参："我不应该硬撑着。"能治疗腰、肾的疾病,并且还能缓解腰酸腰痛。很多中年人,腰特别不好,因为年轻的时候,生活多艰难,自己始终硬撑着。

凡是有腰椎间盘突出的人,几乎都是没人帮忙,自己硬撑着的人。当人硬撑着的时候,心情并不平静,故才会出现腰脱。请参:"我不应该生气。""我不应该硬撑着。"

过去,许多人挺能干,却不得腰脱,扛麻袋的粗工也不见有多少腰脱。现在,为什么有这么多人患这种病,有的人甚至出门一哈腰就脱了,这到底是什么原因?告诉你,这种情况产生,根本不是什么干活的问题,而是心灵出现问题了。过去计划经济时期,大家差不多,你比我好,也好不到哪儿去,我有什么好担心、害怕的。既不担心下岗,也不担心医疗费和房子。现在的人,担心、害怕的事太多了,与此同时,硬撑着的事也特别多,逞能的事也多。社会越发达,人的心情越来越复杂,人的疾病也变得越来越复杂了。

腰的病,还跟自己爱人和孩子生气有关。有的女士是子宫辐射带引来的腰酸腰疼,并不是什么肾虚引起的;有的人是干活生气带来的腰酸腰疼。人的腰是管弯折的,有些人不折服,就是不弯腰,因为较这个劲,结果带来了腰酸腰疼。一般的腰疼腰酸都应该参:"我不应该生气。"参生气这项对人的全身,都会有非常大的

> 有的人腰疼是肾引起的,有的人腰疼,却是直接由腰引起的。肾乃作强之官。

> 爱生气？忧愁多？害怕？爱着急上火？请努力把这些不良心情，赶快给拿掉吧，这样患者的患字，就变成了两个中正平和了。

作用，不管什么病，请把生气给先参了，再去参其他的。还有的人，因为伤心，导致了自己腰不好，请参："我不应该伤心。"这样还能治疗胰脏性疾病。

有的人是尾椎——腰下面接近胯骨的地方那里不好。尾椎不好，象征着，你这一生的命运，最终的结果可能会不好。颈椎不好，代表命运开头不好；尾椎不好的人，不管干什么都容易结果不好。请参："我不应该怕结果不好。""我不应该怕带来后患，"这样既能治疗腰椎，又能治尾椎疾患。

请记住，所有的人生疾病，都是有其成因的；所有疾病的成因，都源自于人的内心，自心就是内因。爱生气？忧愁多？害怕？爱着急上火？请努力把这些不良心情，赶快给拿掉吧，这样患者的患字，就变成了两个中正平和了。人啊，请努力学会经常自我批评，经常性反省思过，不时地活在自我忏悔之中。人不悔无法改，只有思过改过的人，自心才会日渐淡泊，渐趋平静。我们每个人都要尽可能弄明白疾病生长的道理，因为道里面，有王者之理。中西医医治疾病方法，都是外因治病法，也就是往火上浇点水压一压。只有修心，才是内因治疗法，釜底抽薪，彻底的改正，彻底地除病与转命。人有什么心，就会得什么病，人生根本的道理，还在于努力修心与净心。修心、心净，则去争、去斗，自然一切都会有效改变，都会得以转化的。人生若想真正去病变命，就一定要认真去修心、养性，让自心安宁、祥和。人的内心如果真正洒脱了，真正的看破、放下、自在了，哪里还会有什么疾病呢？人生命运一定总会吉星高照的。

膀胱与前列腺疾病

一、我不应该着急。

二、我不应该怕出事。

"恐则气下。"一般的人，害怕时候总爱尿尿。有这样一件"恐则气下"的故事：唐山大地震的时候，有一位老人，从楼上跳下来竟然没事，而且跑得特别的快，因为一时恐慌，气都运在腿上了。在生活中，如果后面有人拿着刀追你，保证你跑得飞快，即使胆小的人也会跑得飞快。相对应的"怒则气上"，就是人在生气时，气血都运到了头和胳膊上了。所以，一般脾气大，拥有怒气的人，练拳击，胳膊特有劲儿。

三、可以对已经发生的事进行反参："当时，我不应该觉得出事了。"这样还能治疗膀胱与前列腺疾病。

另外，尿黄时，参："我不应该为什么事上火、着急。"同时，也能退烧。

高血压

一、我不应该觉得压力大。

二、我不应该着急。越是爱着急的人，血压会越高。

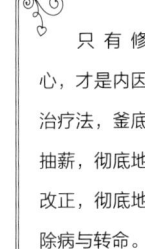

只有修心，才是内因治疗法，釜底抽薪，彻底地改正，彻底地除病与转命。

三、我不应该犟。人犟的时候，总是喜欢勇往直前，血往上窜，非要争个高低不可。

四、我不应该挑人家的毛病（这一条特别的重要。）

低血压

一、我不应该觉得压力大。

二、我不应该害怕压力。

三、我不应该承受不了压力。一般血压低的人，遇到了一点儿事，就会当作大事了，根本承受不了什么压力。人生要是承受不了压力，就会被压力压垮。人生压力越大，人越是淡定，这种压力就能够度化我们、造就我们。

四、我不应该担心、害怕。

有人问："我血压高是不是不能参血压低这项？"参血压低这项，不会让你血压高的，什么都要参。凡是有过的心情都要参，一般人两种心情都会有。

心情是一切业力和邪魔的根源。人把自己的心情，清除干净了，才叫作没有什么疾病了，才是真健康。

妇科疾病

闭 经

前一段，有位女士39岁就闭经了，她问我怎么参？我教她就参不应该担心、害怕孩子；不应该担心、害怕

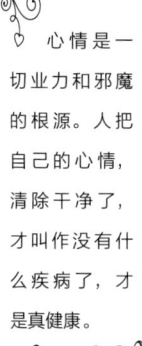

人生压力越大，人越是淡定，这种压力就能够度化我们、造就我们。

心情是一切业力和邪魔的根源。人把自己的心情，清除干净了，才叫作没有什么疾病了，才是真健康。

丈夫；不应该害怕露头乃至性方面担心的事情。我还帮她找了一条因果："你是不是特别讨厌做女人？""对呀，我最烦做女人了，下辈子再也不做女人了。""你现在不就不做女人了？""那不好。""你现在是女人，却不愿意做女人，当然不好，这叫作平衡你。提前断了你，你又觉得难受、又埋怨，现在自然力还给你了，请做男人吧。""周老师，还是做女人好，做男人不好。""女人就得尽女人之责，男人就得尽男人之责；不要是女人却羡慕做男人，是男人却羡慕做女人。"男人若是羡慕做女人，都会有些娘娘腔，变性得很；女人若是羡慕做男人，会提前做男人，就麻烦了，就变态了，有病了。我们每个人都要有本位主义。自己是什么人，一定要珍重自己；自己的，永远最好，一定要珍视它，而不要躲避它。结果，参了没几天，半年的闭经就好了。

月经量多

有的女士，月经量特别多，这是因为付出心太重了。请参："我不应该觉得付出太多了。""我不应该付出心太重了。"

痛 经

痛经，往往是寒气特别重引起的。男女性格最大的区别在于，女性大多量小胆小。有些女孩，特别喜爱害怕，走夜路害怕；怕黑；上学害怕；男同学追害怕；见了小动物害怕；有的怀孕生孩子害怕；有的做手术害怕；性

> 自己是什么人，一定要珍重自己；自己的，永远最好，一定要珍视它，而不要躲避它。

> 十女九寒。
> 病从寒中来。

生活害怕等等。有的女孩，痛经十分厉害，有时痛起来都不想活了，说明害怕之心非常严重。所有这些害怕心理、恐惧的心理，都会容易带来子宫的寒气，产生痛经。请参："我不应该害怕。""我要勇敢地面对一切。"

如此种种的各种害怕，还会非常容易带来各种疼痛的病症。女性努力参悟害怕这一项，不仅能够治疗自己痛经，同时还能治疗腰腿疼痛等众多的疾病。因为"恐则气下"。再者，贪凉穿得少、爱吃冷饮，也是现代造成女孩痛经的重要原因。总之，女子害怕是非常不可取的，怕心招魔缘。现代的女性，务必要特别注意保暖，尤其是下半身，一定要格外小心风寒。千万不要为了所谓的风度和漂亮，而不顾及自己身体的温度，"病从寒中来。"请记住，女性一定要少吃冷饮，少吹空调；一定要多多晒太阳，充分补充自身阳气。"十女九寒"。寒气重，已是现代女性患各种疾病的重要根源，希望大家特别予以注意，高度重视。

乳腺增生

通常得乳腺增生的女人，往往会觉得别人心眼儿小，另外，凡是喜欢跟丈夫生气，也容易得这种病，为什么？这又是自然力的一种平衡表现。你不是总觉得别人心胸狭隘吗？那就让你长个大胸脯罢，结果就乳腺增生了。

请参："我不应该觉得别人心眼儿小，"能治疗这个病。另外力参："我不应该生气。"特别是爱情方面生气，也能治这个病。

乳腺增生严重的话，常会得乳腺癌。特别是丈夫有了外遇，生了很重怨恨心的女人，特别容易患乳腺癌。还有就是经常与单位同事生大气，也容易患乳腺癌。

子宫疾病

子宫是孕育孩子的，也是女性器官。许多的女士，特别喜欢牵挂自己的孩子，这样子宫就会容易不太好，非常容易生子宫肌瘤等。请参："我不应该牵挂孩子。"能治各类子宫性疾患。

一般会得子宫瘤的女人，大多有这样几大特点：

一、特别好强的女人，容易得子宫瘤；而且女性子宫属于隐蔽之相，自己好强，又强忍着不作出任何的表现。

二、许多事情憋在心里，强忍着不说，容易得子宫瘤。参："我不应该硬忍着。"

三、还有的女人，自己得子宫癌症跟性生活有密切关联，性这方面必须要努力参透了。为什么我们中国妇科病特别众多？因为中国的性观念，不平静心情特别繁多，有时简直是不能自主了。中国不像西方国家那么的开放，想了又不能实现，总是硬忍着，这么保守的国家，还得这么多这个病，真是值得我们仔细的玩索与深省了。有的女人，看到电视中有搂搂抱抱的镜头，就会特别看不惯，告诉你，看不惯也会得病的。太开放了得病，太

> 许多女士特别喜欢牵挂自己的孩子，这就容易造成子宫疾病。请参："我不应该牵挂孩子。"能治各类子宫性疾患。

保守了也得病,只有平静才会不得病。

子宫类疾病,包括内分泌失调。现在许多女人内分泌非常不好,请参:"我不应该在情爱方面反感男人,我不应该觉得男女之事特别恶心。"还有些年轻女孩,也容易得这种病,这是什么原因?自己喜欢男人却又不敢表现,结果内分泌就会失调了。请参:"我不应该喜欢他。"这里需要指出的事,喜欢也是病,烦还是病,人生只有没有什么心情,才会没有什么病疼。人啊,应该努力学会像水一样清淡,对什么都该淡泊安适,心境恬雅。

喜欢也是病,烦还是病,人生只有没有什么心情,才会没有什么病疼。人啊,应该努力学会像水一样清淡,对什么都该淡泊安适,心境恬雅。

不孕不育

曾有一对健康的夫妇问我:"我们结婚几年了,怎么要不到孩子呢?"其实,人生的一切,都可以改变。

怎么提高生育率呢?

一、我不应该怕小动物。

二、我不应该杀生,包括苍蝇、蚊子在内。怨恨小动物也会影响生育。

三、我不应该特别想要孩子,特别盼望怀孕。盼什么不来什么。

四、我不应该害怕性生活,性生活害怕会导致生育率降低。女孩子青春初期,难免会有很多的担心、害怕,所有这些,都会影响生育,人要把这些参透了。

五、有的人特别喜欢别人家的孩子,结果导致自己不育。有的人，对哥姐家的孩子喜欢得要命，等到了自己，却怎么都生不出来了。

六、我不应该烦小孩儿、烦小动物。喜欢不行，烦也不行，恨孩子更不容易生孩子。有的人，看见人家的孩子就讨厌；有的人，因为十几岁时不愿意照看哥哥姐姐的孩子，怨恨他们，结果自己婚后不能生孩子了。

当你盼望孩子的时候，往往会怀不了孕。有些女孩儿害怕怀孕，结果一偷情就怀孕了。有的人越想生男孩越来女孩；有的人越想要女孩越来男孩；生活的事实，总会是跟人们的欲望相反。告诉你，有时学会反着盼望不就如愿了嘛。

为什么不能生孩子家庭少？因为双方都有这个心理才会如此，这个几率小。

儿女的疾病和父母的关系

一般十四五岁前的疾病，与父母有着重大的关系。

谁爱这个孩子，谁的心灵垃圾，就会传染给这个孩子。父母对自己的孩子，越是淡然，等于心灵垃圾传染给孩子越少。所以，对孩子比较淡泊的家庭，孩子往往身体比较的健康。为什么有些病，孩子得，父母不得？人要是最爱自己，就让自己得病；最爱孩子，就让孩子得病；总之，自然力会平衡的。小孩子患疾病，一般跟自己父母有着直接的关系。

> 生活的事实，总会是跟人们的欲望相反。告诉你，有时学会反着盼望不就如愿了嘛。

> 父母对自己的孩子，越是淡然，等于传染给孩子的心灵垃圾越少。

曾在北京治疗过一个高位截瘫的小女孩。她的母亲这一生特别喜欢较劲，号称打架没输过，给谁都要打出血，往死里干。但是，女孩的母亲并不爱自己，自己死了都无所谓。这个时候，自身得病平衡不了她，只有用女儿得病来给她平衡了，因为她特别爱护自己的女儿。结果，她的女儿得了瘫痪，让她全部的希望都泡汤了，给她带来一生残酷的打击。看到女儿的悲苦，她自己就会痛苦不堪，想死又不能死，还得照顾自己的女儿，活着比死还难受、还悲伤。

一般而言，父母要是特别喜欢闹心，孩子就会特别容易哭闹。如果母亲怀孕时生了怨恨心、绝望心，那么孩子就会容易出现畸形胎、怪胎。现在，社会上到处都在讲胎教。什么才是真正的胎教？并不是去听什么美妙的音乐。告诉你，母亲内心平静才是最大的胎教。请记住，人越平静，孩子越顺利。

> 什么才是真正的胎教？并不是去听什么美妙的音乐。告诉你，母亲内心平静才是最大的胎教。

有一个人，长了个鸡胸。我一看就说："你生下来，就是个鸡胸吧，肯定是你妈妈怀你的时候，生了绝望心和悲伤心。因为肺主忧悲，说明你妈妈怀你的时候，悲伤心特别的重。""周老师，你说得太对了。我妈曾跟我讲过，怀我的时候，她家里发生了一件非常重大的事情，她特别悲伤。"结果，就生下了这么个鸡胸儿。所以，母亲在怀孕期间一定要心情淡然、宁静、喜悦。

曾经有一位王妈妈，她71岁的时候，回想怀孕的时候，特别恨肚子里的孩子，她根本不爱自己的丈夫，这是她母亲强行安排的婚姻。她一直想让这孩子流产，经常在屋里蹦高，结果这孩子怎么也掉不下来，还是落地生根了。等到孩子长到了30岁左右，这时，丈夫已经去世了，她和孩子相依为命。有一天，突然成人的孩子，在一个小时之内死掉了，病情不详。你不是曾经怨恨他，希望他死吗？请记住，当你希望他死的时候，他不会死的；而当你不想让他死时，累积下来的恨心、杀心，所带来的平衡力才会返转回来。两口子打架也是一样，当讨厌对方、不想一起过时，往往离不开；当爱对方、离不开对方时，却会阴差阳错地分别了。自然力，永远在平衡人的过去心情，平衡常有一个滞后期。自然力，往往会选择最残酷时候来平衡人、惩罚人。

如果父母对孩子要是好过了、热情过了，孩子就会特别容易感冒发烧。过去的孩子邋邋遢遢，光着屁股满街乱跑也不感冒，为什么？因为父母拿孩子不当回事，越养越活。现在的孩子，从小什么待遇都有，结果越心疼，越得病。父母对孩子盼望心重，盼望长大、盼望会爬、盼望会说话等，孩子会特别容易发烧，热过了，就得热过了的病。有些孩子，一烧就39℃，甚至40℃，说明父母太热爱这个孩子了。

曾见过许多的孩子，小时候被烫伤过。烫伤是热爱、疼爱过了分所导致的。热过了，就是烫伤。而且，谁最

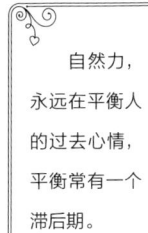

自然力，永远在平衡人的过去心情，平衡常有一个滞后期。

性格越是柔弱、希望被疼爱的孩子，牙齿会越不坚固，因为牙齿是主处理事物能力的。

爱他，就烫在谁的手里。有一个人曾被奶奶烫伤了，我说："肯定是奶奶特别疼这个孙子。""没错，是这样子的。"

烫伤本来就是热过了的病。结果，很多孩子被烫伤后，父母们反而更加疼爱他了。这就更麻烦了，根本没有找到相应的因果，弄相反了。一个明白的父母，若是遇到了这种情况，就应该立即的警醒："我们对孩子好过头了。"随即把对孩子的疼爱赶快进行全面的降温。如果再热过头了，说不定孩子能不小心玩火烧死自己的。

过去的孩子，很少有蛀牙的。这不是糖的问题，而是现在的孩子根本不能吃苦了。性格越是柔弱、希望被疼爱的孩子，牙齿会越不坚固，因为牙齿是主处理事物能力的。现在的父母，大多数都不想让自己的孩子，遭遇到任何的艰难困苦，根本不想让自己的孩子，面对任何的人生艰辛和苦难。于是，孩子们的牙齿大多不好了，性格大多软弱了，能力也大多不行了。

如果父母因为宠爱孩子，给孩子买东西买过了，孩子很容易得腹泻。如果父母觉得自己特别的聪明，孩子就会容易笨拙、或者残疾。有的人家，父亲聪明、较劲，母亲也聪明、较劲，结果后代多生的是痴呆儿。为什么很多名人之后，不是傻子就是残疾？就是这个道理。聪明没有错，但是，聪明又较劲，看不上别人的笨，这样就会给自己家里招来一个平衡了。

5. 参悟的方法

参悟一定要特别注意这样几点：

一、一定要平静地回忆，千万不能随便激动不已。

二、回忆的方法可以谈，可以写，可以想。写的效果比较容易入静，时常会提高回忆的能力，并有利于经常复习。目前，这种方法是治疗最快、效果最好的一种方法。想的方法也叫作反思、反省，它的特点是回忆速度比较快，可以节省大量的时间。另外，可以采取打坐入静的方式，越静越能生定。谈的方法，通常会清除得比较的彻底，但是，速度会比较缓慢些。一般的人，没人可以谈话的话，还是要用想和写的方法，如果两者结合起来，效果会比较的理想。

三、反参：就是将历史的画面，如实地再现出来。画面越真实、清楚，效果越好。

四、参悟的过程，请尽可能的全面，人的心情要对应。比如：愁和生气，一定要弄清楚，别搞混了。

此外，还要特别注意这样几点：

一、不是参悟一遍，就能彻底的治病，一定要反复多参、多悟。比如，玻璃脏了，擦一遍不可能就擦洗干净了，因为灰尘沉积，实在是太厚了，要反复擦洗才行。

二、重大的事情，千万不要参悟得特别的快。如果快了的话，病毒就会容易排不出去了。第一天，参几十次就行了，以后可以越来越快点。如果有了相应的病症

反参：就是将历史的画面，如实地再现出来。

反应,请立刻回头再参几遍。

三、参的时候,千万不能随便动自己的心情。过去为这事生气,现在想起来又生气,就比较麻烦了,疾病又会加重了。

请记住,人生在参悟的时候,内心默念就行了,不一定非要念出声来。凡是有文化的人,我们主张多写,因为写能够促进回忆,不会忘记。过后还能够认真的检查,这样多好。人生能时常检查自身,会非常有利于自己身心的健康,还可以治疗各种的身心疾病。

人生能时常检查自身,会非常有利于自己身心的健康,还可以治疗各种的身心疾病。

有的人,在反省、反参自己人生时,忽然某个部位会出现相应的症状了,这是因为参悟到了对应的事情,对症了,请把它继续参下去就行了,千万别随便停顿下来了。

参悟的时候,有这样几个好方法,特向大家推荐一下:

一、写名单的方法会比较好。人们可以把有生以来,所有与自己有关的人事名单,详细地写下来,或者用代号也行。比如,张三、李四、赵五等,然后心里紧紧想着,诸如担心、着急、生气等各种的情绪,对着每个人名直接套用就可以了。这个名单,自己可以用一辈子,这样子参悟起来,就会大大提高自己的参悟速度。另外,请注意每天都要念一遍,千万别念乱了。人越平静,画面、过程越是清楚,效果就会越好。

凡前面加个"不应该"就行了,就能治疗相应的疾病。

二、可以从各种疾病上,去认真进行参悟,不管有没有都可以参。这样做的话,既可以防病,也可以治病。

三、从性格角度去参。比如,这一生,我最爱生气,就从生气参;爱着急,就从着急参;爱面子,胆小、怕事……,总之,应该对照着自己的性格,努力进行全面的认真总结。请记住,凡前面加个"不应该"就行了,就能治疗相应的疾病。

越参,我们的灵性,就会越大。有的老人参久了之后,现在手摸着病人,病人的疾病,就会下去。他们很奇怪地问我:"我气功也没练过,什么也没练过,怎么回事?"我说:这就是自性的光芒在起作用,因为垃圾少了,正气就会自然充足了。因为人无私了,你就空了。空能带来妙有,我们不用练那些气功之类,就自然会拥有特异功能了,因为我们所走是觉悟之路。觉悟的圣人,都自然会拥有许多的特异功能,这些不是练出来的,而是经年累月修心修出来的。请记住,所有的功,都离不开德,有德才有功;所有的道,都是需要以德为基础,有德才有道,无德无有道。

请大家注意,人这一生,我们一定要以练心为目标,以了业为己任,以消除人生残留信息为生活的目的。

越参,我们的灵性,就会越大。

所有的功,都离不开德,有德才有功;所有的道,都是需要以德为基础,有德才有道,无德无有道。

第三章 直面人生,淡泊名利

1．日常工作

在工作中，如果一个人越是害怕、越是犹豫，越会容易犯过出错。工作的本身，就是为了锻炼人生的心态，本来就没有什么根本的对错、好坏。所谓的对错好坏，本身是一种片面的人生错觉。如果人要学会人生始终坦然，就要千方百计去减少自己的分别心、执着心。请问，你对了怎么样，错了又怎么样啦？在工作中，人如果老是担忧害怕、犹豫不决，工作就会老是出现差错；人生越是坦然，越不分所谓的对错，反而工作会越干越出色，越来越优秀。告诉你，人的内心安详、平和的本身，就可以化解掉周围存在的许许多多矛盾，处在相对和谐之中。

所谓为难的背后，其实就是一种担忧与害怕。如果人们能把担忧与害怕心理，相对清除干净了，工作上就不会再有什么犯难之事了。请记住，许多的难事，都是

> 人的内心安详、平和的本身，就可以化解掉周围存在的许许多多矛盾，处在相对和谐之中。

> 任何一个人，只有先过了自己这一关，才有可能过别人的那一关。

人们不平静心情招惹来的。当人的心态改变之后，许多的事情，就会发生显著的变化，人生所遇的各种难事，就会发生意想不到的巨变。任何一个人，只有先过了自己这一关，才有可能过别人的那一关。世上的一切，都是相对称的、相对应的、相辅相成的，根本没有什么孤立的存在物。

如果一个人在工作中，总是易于亢奋、易于激动，总是喜欢过度表现自己，那么人最终所得到的，就可能会是莫名其妙的伤心或悲痛。因为人生有所亢奋，才会有所悲伤。在工作当中自作的聪明、恃有才华，通常会把人给害惨了。请记住，人再怎么聪明，也聪明不过自然力，聪明不过天地真理。人生再大的才华，也是自然力让你有则有，让你无则无。人只有适合于规律，适合于自然，才是最大的聪明，才会真正的智慧。自古自恃者薄福，自傲者多灾，自是者坎坷。一个人能否被重用，能否有自己的前程，最主要是看人的内心容量够不够大，内心深处够不够平静。如果平时很喜欢激动，假如再被领导所重用的话，就会容易异常亢奋了，这样亢奋不已的人生心态，必将会带来诸多的人生烦恼和身心困苦。这个时候，如果人不被领导所重用的话，恰恰是自然力恩宠的一种表现方式。当一个人自以为是的时候；办了一件好事，莫名其妙亢奋的时候；把结果看得太好的时候；求功心切的时候；表现欲太强的时候；人生得意的时候；就一定会是人生失意的开始，就一定会得不到所谓的好报。人生总是好坏、得失、美丑、高下不停息地轮转。一个人只有心态平静去办事、干工作，才可能会带来好的人生结果。人生没有得到自己所愿的好报，其实是自然力，在让你能够清醒自己的头脑，提醒注意去寻找到自己的错误和欲望之所在。

如果已是一颗不平静的心，又受到了领导格外的夸奖和奖励，弄不好，今后人生灾难就会更大了。人这一生，所有的事情状态，无论好坏，都是一时的结果，都是为了平衡人的心情。自以为办了一件好事的本身，就是一种激动亢奋，就是一种洋洋得意，这时，哪里会有不平衡之理？这个时候，唯一能够让人清醒、明白的，就是给予必要的打击，适度的挫折，让人挫败，让人伤心，让人悲痛。否则的话，许多人就会永远不知天高地厚，自以为是了，就会越来越亢奋无比，越来越脱离大众了。

每一个人，在自己工作过程中，真正所需要的，只是平静的去努力，淡定的去面对，这样才可能会拥有着美好的人生结果。

2. 破解诬陷

人生如果总是谨小慎微，才可能会招人诬陷；如果自己也曾诬陷过别人，才会招致今天被诬陷的平衡；如果把个人的声誉，看得太重了，不能淡泊名利，才会被

> 每一个人，在自己工作过程中，真正所需要的，只是平静的去努力，淡定的去面对，这样才可能会拥有着美好的人生结果。

> 人生中什么都是争不来的，越争越争不来，越辩越辩不清。

人一时诬陷。如果每个人能把生活一切的诬陷，都当作一个笑话、一场闹剧、一次难得的人生历练，那么，所有的被诬陷，最终就会不攻自破，都会成为人生难得的生命养料。

如果人生总是带着害怕的心、怨恨的心、愤怒的心，就只能越来越被别人诬陷了，诬陷的效果，也会越来越好了。通常而言，一个真正明白的人，面对人生各种的诬陷之际，根本不会去争辩什么；一个真正明白的人，一般会以不争辩为人生的解脱。请记住，人生中什么都争不来的，越争越争不来，越辩越辩不清。请大家努力学会平静去面对世界所发生的一切吧，请大家努力让自己的内心真正安静下心来，请在人生中努力发现自身所存在各种毛病，真是这样做到的话，便是为自己的未来人生，种下了一块大大的福田了。

3.人生友道

一个人若是对别人太好了、好过了，必然就会发生不好的平衡，因为好过了，就是好错了。在生活中，我们交朋友、处朋友，存在着各种各样的人生平衡。凡事皆不可太过，中庸方为正道，适度才是合理。如果人能坦然面对，人生所发生的各种问题，自觉养成了寻找自身过错的习惯，充分理解了一切问题，都是自然力平衡的需要，皆是自然力合理的安排，那么，就会既救赎了别人,也成全了自己。如果一个人对朋友好,真是好透了,根本就不该去计较别人的好与坏、对与错、善与恶了。如果这么计较的话,怎能算得上是一个重感情、珍视友谊的贤士呢?

人生友道,异常珍贵。如果真的认为,自己对别人的好,是无欲无求的,就千万不要在乎朋友的过失和过错了。真正的人生朋友,总是十分的难得,值得用宝贵的生命护卫。友道是要靠我们恢宏的气度和宽阔的胸襟,才可能长久维护下去的。"人生得一知己足矣,斯世当以同怀视之。"一个真正懂得珍惜人生友情的人,在人生之中,始终会深切感受到,生命的温情和人生的幸运。现在的人,绝大多数只有熟人,何来朋友?何来真情?纯粹只是吃喝玩乐之朋,这些皆是损友也,人生不交也罢。请大家多去努力交接良友,尤其要努力去寻找,使自己敬畏的朋友,让自己的人生,因友情而温馨,因情义而幸福。

4. 容纳虚伪

要知道,人在看不惯别人虚伪的同时,别人也一定会看不惯你。人生能够容纳他人多少,别人才会容纳你多少,这是一种规则。人生容纳量越大,人生的事业才会越大、越成功。如果人生容量总是很小很窄的话,哪里谈得上什么事业成功呢?俗话说得好,一个人心胸有

> 请大家多去努力交接良友,尤其要努力去寻找,使自己敬畏的朋友,让自己的人生,因友情而温馨,因情义而幸福。

> 敬人者人恒敬之，爱人者人恒爱之。

多大，一个人事业才会做多大。人生在世，每个人所历练人生使命就是，心容天下难容之人，胸纳天下难容之事。人只有内心容量大，寿命才会长，事业才会大。

这个世界，本来就是由形形色色的人所组成的，如果一个人总不能真正予以充分的包涵和宽容，总是看不惯自己所身处的这个世界人与事，那么，最终这个世界，就一定会看不上你的，你就等于在同整个世界相对抗，在作对。请问，这样做值吗？这样做人生命运会好吗？同事相处是一种人生缘，要学会善待他人，包容别人。人生要学会同各色人等和平相处，亲切相待，存同求异。总看别人的好，他人的对，这样心中才会日益光明，喜悦常在，才会同事相亲，亲如家人，才会使干戈的职场，变成温暖的家园。同事一场不容易，请学会包容、理解、赞美。敬人者人恒敬之，爱人者人恒爱之。

5. 钱财只是工具

一个人该不该得到钱财，既取决于个人对金钱的容量，也取决于过去的心态，还取决于对未来的需要。有的人，可能正因为这次没有涨成工资，或许就在自己未来岁月里，带来了更大的人生收获。请记住，人生拥有多少财富，本来就不是十分重要的事情。所谓的钱财，究竟是先得，还是后得，最终不都是一个样吗？干吗要这样的急不可耐？早来的，不见得是好的；不该得到的，有时意味着庆幸。如果人们非常看重钱财的话，一定会为钱财所困，为钱财所伤。一个看重名利的人，一定会为名利所伤，被名利所困。古人讲名缰利锁困人生，几人抛弃归家闲。请人们务必明白，人世间，一切都是假的，名利也是假的。什么都应该看淡些、看开些。只有这样的清淡人生，才会活得洒脱、活得愉悦、活得圆满。

众所周知，钱财乃身外之物。若是人连钱财都看不开，怎么可能看得开人生呢？怎样可能会自在逍遥？对于钱财，圣贤智者们，一般得之不喜，去之不忧的；真正具有了不求之心、无欲之心。只有通过对钱财得失的不断平衡，人们才能在一定程度上，真正看清楚生命，看明白人生；人生才可能不为钱财所累、所苦，并最终放下对钱财痴迷的观念和心态。那些真正明白生命真相的人，只将挣钱当作人生历练环节而已；只把钱财作为一种工具，为自己实现人生理想所服务，决不会为了钱财而活着，决不会为了钱财所困、所累。

6. 如何看待挫折

人在挫折的时候，如果能够清静下来，好好的修身修心，才是真正懂得休息了。只有真正开始修身修心了，一个人才能为自己的未来，做好充分的思想准备，才能给未来带来真正的人生机会。人生的机会，本身就是人们自心所生的，人生命运本身，也是自己所为导致的。

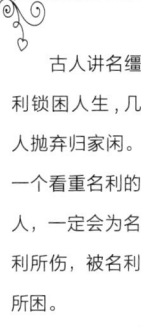

古人讲名缰利锁困人生，几人抛弃归家闲。一个看重名利的人，一定会为名利所伤，被名利所困。

> 王凤仪善人曾经讲过，天命者，合于人；宿命者，治于人。

一切的人生之路，其实都在自己的脚下，都得自己努力去行走。人生道路上的各种障碍，必须靠自己本身辛勤努力，才能真正予以清除。

如果人在小的人生挫折面前，都不能做到坦然去面对的话，怎么可能面对更大的人生挑战？当人生觉得有所压力的时候，已经表明给自己设置了诸多人生障碍了。人躺下去休息，是为了更好的工作；人自觉地蹲下去，是为了更好地站立行走。假如人不能勇敢去接受人生低潮的各种磨砺和考验，哪会有什么生命高峰的喜悦扑面而来呢？人世间的一切，不都是此高彼低、彼高此低、变化莫测的发展曲线吗？请记住，只要人们能够真诚坦然面对一切，努力调整好自己对过去和未来的工作心态，任何人的明天前途，都会变得更加的美好、更加的生机、更加的顺达、更加的喜庆。

人们工作顺利和不顺，本身就有一种认知错觉在里面。任何人生的顺利与不顺，都是一种相对的存在。在这个世界上，如果懂得拿不顺当作顺利来理解，拿苦当作乐来享受，甚至别人认为自己不顺之时，自我还认为根本没有什么顺不顺的，就非常了不起了。请记住，人生早不顺是福，晚不顺才是灾。如果生命岁月，就那么多点儿不顺，人为何不希望先不顺而后能顺呢？

当然，在这里，人还是应该先找找自己的毛病：看看自己是不是以前太顺了；太高兴了；太急功近利了；

自己是不是在工作中与别人太较劲了；自己是不是曾经让别人也不顺了；自己是不是美梦做得太多了，困难想得太少了；自己是不是太悲观了；等等。在人生中，凡事只有先找到了自心，才能够真正找到根本原因之所在。如果找到了，之后再努力去进行认真修正，人生怎么还会有什么不变好，不风顺的道理？

7. 宽厚包容

对人大度，待人大量，人生前程才会真正的开阔起来、充润起来。一个能够与人相合、和平共处的人，就是一个有天命的人。王凤仪善人曾经讲过，天命者，合于人；宿命者，治于人。人的心胸大，事业才会宏大，命运才会强大；同别人相合的气度与容量才会远大。人的内心容量之大小，决定着人们自身前程的标码。任何人的前程本身，决定于自心容量的扩张。

如果人们真心为了自己前途美好，就应该努力去和谐人，主动去理解人、积极去宽容人。人生千万不要随便分别什么好与不好，喜欢与不喜欢。人生最难主题之一，就是能够真诚去容忍，自己所不喜欢的人与事，并充分给予理解和宽恕。假如人生真能做到为人宽厚和包容，那么在人生道路上，就一定会不时遇到各种各样的贵人们，容纳自己、厚待自己、提携自己。容人则容己。懂得宽容的人，总是会给未来的人生，打造出一片广阔

> 假如人生真能做到为人宽厚和包容，那么在人生道路上，就一定会不时遇到各种各样的贵人们，容纳自己、厚待自己、提携自己。

的发展空间,笑视人生。

8. 好恶中修炼

真正的人生,应该拥有这样一个认知:凡是自己所喜欢的东西,往往是消耗自己福报的杀手;凡是自己特别喜欢的东西,往往伤害自己会最重。人的一生,一旦生了所谓的欢喜心,灾难就会在那里等着你了。如果人们能够在不喜欢的人、事、物中,充分去体会出人生的真实滋味,迅速消除掉生起的反感心,这是真正的人生大进步。告诉大家,人生经历了什么,享受了什么,痛苦了什么,这些其实并不重要,这些都会一一过去的。"滚滚长江东逝水。"最重要的是,我们究竟在人生的经历中,历练了什么?体会了什么?感悟了什么?明白了什么?

假如,人们事先把自己所不喜欢东西,都一一消化干净了,那剩下来的,就会是自己所喜欢的了。人生须知,凡是自己不喜欢的工作,往往充满着人生的机遇与挑战。在这里,关键在于能否从中真正修炼出了自己的心性来,真正发现出了其中美好的人生妙处来。

9. 违逆导致不顺

如果一个人在家违逆了父母;在学校违逆了老师;在社会违逆了公德;在单位上违逆了领导;自然力就一定会让这个人总是不能同领导关系让领导,同自己关系

> 人生须知,凡是自己不喜欢的工作,往往充满着人生的机遇与挑战。关键在于能否从中真正修炼出了自己的心性。

总是处理不好,这是一种返转规律。如果人的心理从不违逆,谁还会总同你过不去呢?真正的根源,其实还是在我们自心。古人讲,"该来的,躲不过。"就充分说明了人生残留信息,一直都在发生各种的作用。如果什么时候,一个人下定了决心,发誓要将自己过去的叛逆和不是,都深深进行认真的忏悔,凡事学会了随缘柔顺,待人处世宽厚包容。那么,领导就会开始看你顺眼了,对你就会越来越顺应了。

往往人越不顺,心越不改,人生不顺,就会越多,今后顺路,就会越少。在人生中,人若随便给别人气受,自己内心不顺的气,最终会全部返转到自己身上来的。如果你真是一个明白人,应该赶快把过去曾经有过的违逆,马上进行彻底消除掉,这样才能有效化解自己所遇到的各种人生矛盾。人要是真心去找自己的毛病,哪会找不到的?如果真心改过的话,人生命运哪会有不变好的道理?

人这一生,一切是非成败,最终都会转头空。人生关键要务是,人要努力从工作中,去真正看明白人生的真理,人对于自己的生命,究竟有了多少的清醒、明白。凡是那些为了表现自己是好人、能干的人而积极的;为了功名而急功近利的;错把自己前程看得太美好的;工作成功时特别亢奋的;其最终的人生结果,都不会怎么不得了,好不到哪里去的。这个问题根源所在,就是许

人这一生,其实活的就是生命的宽容,海纳百川,有容乃大。无论是好、是坏,是对、是错,人的心量越宏大,人生前途就会越广大。

人要能够让自心,随时随地处在不卑不亢之中,平和地生活,平静地工作,喜悦地活着。

> 人生只有在找不到合理点的时候，才会真正生出各种怨气来。

多人都不懂得用平常心，平静地面对自己人生所谓的成功、所谓的成就。

当人不顺时，该把自己的过去，认真的进行反参。如果通过反参，人能找到自己人生问题之所在，或者修复了自己错误的心理，并且能把所谓的不被重用，当成一个好事来正确的理解，那么，请千万相信自己，今后自己的人生，一定会有重大的收获等待着。请记住，人生只不过是一场好玩的游戏，如果人能多演几个角色，不是一种难得的生命体验吗？人生何必非要一成不变，一尘不染呢？

10. 感悟压力

一切的人生压力，都源于自心所生，并不是工作本身所带来的。这一点，真正明白的人，非常的稀少。当人们心里有所压力，才会产生压力感。如果人的自心中没有压力的话，哪里会有什么压力感？人们对待自己的工作，越是觉得有内在的压力，真实压力感就会越来越大。请记住，所有的压力本身，就是用来造就我们人生的。如果有人拿压力根本不当一回事，这表明此人可以干大事了。人的心理，一旦有了压力感，就会很难达到自己所理想的效果。如果在压力面前，人能够忙里偷闲，不惧压力，反向磨炼自己的心灵，这本身就是一种难得的人生造化、人生境界，就是一种可贵的转福之心了。

> 一切的人生压力，都源于自心所生，并不是工作本身所带来的。

人生有所付出，就会有所收获。但是，不一定会是眼前的收获，人生收获总有滞后的一面。人忙而心静，这本身就是一种人生大修炼。如果人忙而心乱，忙而不平，那就是一种白忙了。俗话说得好，"世上本无事，庸人自扰之。""世上本无事，唯心自闹。"人心亡了，就是忙也。"忙"字告知人们，人生多是瞎忙、乱忙。如果人忙的时候，内心不平静，一旦安静下来，所感受到打击会更加强大。人生的忙与闲，始终处在一种不断变化之中。忙的时候往往会特别的忙；闲的时候往往会特别的闲。忙和闲是人生两个不同的角色，一切都不要在乎而已。

> 人在忙碌的时候，如果做到了事忙，而心不忙，这种练心方法是人生最好的。

大凡功利心重的人，都会颇感人生的压力。如果名利心不太重的话，就不会有多大多难人生压力感了。在工作中，人要努力随时随地下苦功夫，不断练就自己的身与心分离，学会尽可能无心去做各种各样的工作。告诉大家，这并不是不认真努力去工作，而是懂得在工作时，人的内在始终心平气和，心中没有任何的包袱，根本不计较结果之成败。如果一个人工作时内心并不随工作状况盲目乱动，久而久之，就会真正平静下来，内心就会彻底的安宁。请记住，当人生感到有压力的时候，恰恰是我们练心扩胸，感悟生命最好的时候。请大家千万不要错过，如此难得的人生时刻。"历经天磨乃铁汉。"

> 请记住，当人生感到有压力的时候，恰恰是我们练心扩胸，感悟生命最好的时候。

第三章 直面人生，淡泊名利

11. 退休享清福

学会做一个旁观者,旁观者清。人可以身在工作,心在旁观;身在红尘,心在尘外。

人退了休之后,应该是人生最充实的时候。人的一生,应该学会享清福啊,清福是上天之福气,多么难得之。老人应努力演好人生最后一个角色,明白自己,提升自己,这对于个体生命的未来,极其重要,充满着价值。有句话叫"大器晚成"。晚成者,方堪称之为大器。人这一生,能否拥有真正意义上的人生成功,前面的一切,都只是生命的过程,关键在于看生命的结尾之处,只有盖棺了,才能相对准确下定论。请问,究竟有多少人真正明白了,人生在心性、心态上的彻底成功,才是生命真正的成功之处?众所周知,世上的一切,人死时一样带不走,连肉体都会烧出烟雾、变成灰烬。永远伴随着的是精神灵体,曾经拥有过的各种各样心情。人生所生心情,从来具有残留之性,它会时刻作用我们人身,形成生命的疾病和吉凶祸福之运程。

一个人活到了老年,就应该把主要的时间与精力,用来清洗自己的过去痕迹,学会用新的平淡心态,去观赏自己过去所作所为,那一幕幕的人生画卷。人到了老年,务必要特别注重修心养性。学会用良好的心情,开朗的心态,去滋养自己的身体,去滋养自己的心境,去滋养自己的未来。人到了年老这个暮色时期,如果还不懂得利用充裕退休时间,去深刻回忆和品尝人生的滋味,去努力修正自己的人生错误的话,那可是人生之大不幸,愚蠢至极了。一句话，人年老退休了，就要开始学会放下一切了；就要努力总结自己、批评自己、改造自己了；就要让今天、昨天和明天，都能够真正的安详，彻底宁静下来。只有这样，人的生命才能宁静以致远，淡泊以明志；才会安然走向生命的终点。

12. "小人"＝"好人"

在生活中，如果总把别人往好处想，就会老遇到好人。如果总认为别人不好，再加上输入了错误的程序"老遇到小人"等，那么你的人生，就不会遇到什么好人了，应该总遇到小人、坏人才对。人生在世，凡事应该主动寻找自己的不是、自己的不足、自己的错误。请大家认真观察下，自己究竟有没有过小人心理，对待所谓的小人，自己有没有过怨、气、恨的心理，如果有的话，你应该理解和宽容身边的小人。如果你不彻底改正自己，你的人生会越怨越招，无有了期。

人这一生，请大家学会把小人当作自己的人生老师供养；请大家努力把小人，当作锤炼人生心态的"好"人。人的一生，如果总是把小人当作带来转机的人生贵人，内心深处并不怨恨他们，并深怀感激之心。那么，这些所谓的"小人"们，就一定会成为我们人生之途的间接贵人。人只要真正生出了善心，就不会再招惹小人了，反而会经常受到"小人"们的益处，甚至会受到"小人"们的敬重。不信？试一试。

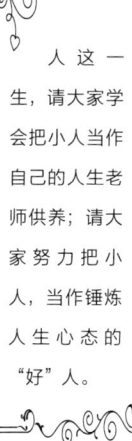

人这一生，请大家学会把小人当作自己的人生老师供养；请大家努力把小人，当作锤炼人生心态的"好"人。

13. 人生须自信

如果有人总是觉得自己能力欠佳，水平不行，本身就是一种非常错误的人生程序。人的能力不足，这是一回事；总是觉得自己不行，那是另一回事，且是一件非常可怕的事。许多人，工作不进步、能力差，主要原因是不自信引起的。这点特别需要人们高度予以注意。

凡是人生不自信的程序，输入给自己越多，就会越是灵验；人越是担心自己能力，能力就会越是不足。许许多多人的一生，就是被自己莫名其妙的自卑感毁掉了，这是非常可怕的人生遗憾和悲剧。人只要尽心尽力、问心无愧了，就应该放下心来，不再纠缠自己的能力与水平。各人的能力和水平都是不一样的，简单进行比较与计较毫无意义，除了破坏人的心境，引发自卑感觉，降低人生积极性，没有任何正向的价值，必然会影响到工作和生活，导致人生走向消极，甚至颓废。所以，人生须努力培养积极的心态，始终自信向上向善，让生命迈入自尊、自重、自敬之境界，喜乐地活着。

14. 坦然做官

人在当官时，如果总是莫名其妙的亢奋，经常自以为是，居高临下，才可能会职务有所下降，或者被撤职。人生有上则有下，下是为了更上一层楼。有失必有得，如果人想不开的话，这种失就会白失了，弄不好还会得

> 人生根本不该有任何莫名的亢奋，也不必担心、害怕什么，这才是人们应有的正确事业观。

上一身的病。人在官途上，若有所失，如果能坦然去面对，那在其他人生方面，就一定会有所获得。如果人把退下来，当成一种人生收获，自然就会有所收获。许多人拼命想当官，一旦当了官之后，总是不懂得真诚为大众服务，结果当出了许多人生灾难。在生命旅途中，每走一步，到底是好是坏，是对是错，请大家不要过早去妄下结论。人生好的背后，都有个不好；不好的背后，总会有个好，有些人长期当官，喜欢作威作福，由于自己品行不端，德不配位，将来定会去坐大牢，或者横祸而死，你信吗？许多人，因为做官成瘾，早已把自己的身体搭进去了，患上了一身病，想想真是何苦。人生在世，每个人都应以乐观心态，去完成自己的社会角色，去完成人生每个阶段。人的一生，大家务必要学会淡泊名利，否则，名利如刀，害人不浅。人生，得就是失，失就是得。关键看人能否发现，真实的人生价值与意义。人这一生，只有坦然做官，做官时心忧天下，心怀黎民百姓，俯首甘为孺子牛，这样才会对社会、对人生有大的益处。否则，弄不好就会半世功名百世债。

15. 付出与回报

有得必有失。有的人，付出了之后，总以为没有什么收获，实际上，人生收获都会有的，看你怎么看。如果回报只在眼前，只求眼前的回报，你的未来，就不会

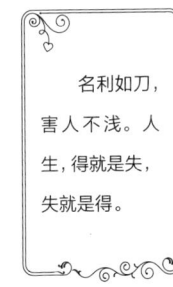

名利如刀，害人不浅。人生，得就是失，失就是得。

> 吃来吃去一碗粥；喝来喝去白开水；穿来穿去粗布衣；过来过去清静日。

有真正的收获。眼前回报的越快，将来回报就会越少、越小；人生回报越晚，将来回报就会越大、越长远。任何人都不应该急切追求一时回报，人若是有了强烈求回报之心，未来人生回报，就会越来越少、越来越小了。人生若无回报之心，人生回报的果实，才会真实、宏大。做什么都希望早早回报，不就很快成了昨天，变成过去了吗？只有无所求于世，晚到的回报，才会具有长远的人生价值。许多社会成功人士，正是因为年轻时磨难重重，中晚年才成全、成就了自己，最终成为社会之大器。人生图早顺、早回报，今后就会越来越少了。

　　自古至今，只图眼前的认可与奖励，被称之为俗人之见，是人生鼠目寸光的典型表现。请记住，无论在人生中付出了多少，自然力都会清清楚楚记录下来，早晚会回报回来的。早回报的，常是些小福气；晚回报的，才是大福气；不回报的，则会成为人生功德，长久恒传下去了。如果人总能充分理解别人、宽容一切，不追求什么人生功劳，就是一种大善了，就是大功德。这样的人最终必然会拥有大人生收获。　历史告诉我们，那些真正胸怀远大，眼光独具的智人高士们，在自己生命历程中，绝不只争眼前，不会争于一地；总是气度不凡，胸怀天下，着眼于长远，着手于大局，最终赢得人生的美好。

16. 机遇之因

人生机遇，都是自心生出来的，都是自己的人生因缘所致。人生有所付出，就会有所收获。人生机遇之因，都是自己长期积累而来的，绝不是什么所谓的巧遇。人生一切的机遇，都是合理的、必然的、有原因的。好的人生机遇，是好的善因所致；不好的人生机遇，是恶因所致。这个世界上，根本没有什么无缘无故，一切的好坏美丑、爱恨情仇都有其前因后果，绝非偶然所致。人的心情越是坦然，人生机遇就会越多；人的欲望越少，人生机遇就会越多；越是无求的人，人生机遇就会越多；越是不攀缘的人，人生机遇就会越多。

在人生中，事业上付出多了，会拥有事业的机遇；金钱上付出多了，会拥有发财的机遇；个人帮助别人多了，会拥有别人帮自己的机遇；个人礼敬别人多了，会遇到被别人礼敬的机会；对当官理解、坦然多了，会为自己带来相应的官运。人生机遇，不是拼命追求来的，越是有追求心，人生机遇越会不来。无欲则刚，无求则强。凡人往往只看到了许多表面的人生现象，看不到背后所蕴藏的人生本质。所以，凡人自然就会对许多人生之事，产生诸多的不理解，生出许多不必要的怨恨心。请记住，如果我们真想自己人生机遇良好，就要适时静下来，好好修炼自己的内心，安住好自己的情绪，尽量削减各种人生欲望，为众人和社会广作奉献。如果能够真诚、坦

> 如果我们真想自己人生机遇良好，就要适时静下来，好好修炼自己的内心，安住好自己的情绪，尽量削减各种人生欲望，为众人和社会广作奉献。

> 假如人生没有各种的伤心，人怎会反省、反思自己？怎么找到自己的过失？

然面对各种失意与失落，人生未来谁都会充满机遇。请记住，人生的机遇由心而生，因心而变。

人若有了不求之心，哪里还会有什么伤心？人若总是觉得伤心，一定要努力去寻找，或思考一下自心，是否出现什么问题啦。请大家多去觉察所干工作时的欲望心，如果欲望大了，自然会引火烧身，不可能人生顺利。再者，若是常有亢奋心，当然更会有伤心事发生，因为有多少亢奋心，就会有多少的伤心。人不随便亢奋，哪会有什么伤心？人若为了求得某种结果拼命工作，通常会使人的希望落空。许多人，在工作中，总是喜欢与别人较劲；在工作中，总是经常性伤人；在工作中，总是肆意诋毁别人。这样做的结果，自然力当然会用许多伤心来平衡了，世上哪有不平衡的事？所谓人生和谐，其实就是一种动态平衡，所有的平衡都是为了和谐。

另外，人早获得回报，不见得是什么好事。如果人生遇到了伤心事，内心并不十分悲伤，才是做人的大情怀；如果做事伤心了，那就白干了；如果人生不随意伤心，就会给自己未来带来更大的收获。未来人生收获会更加丰盛，请问何乐而不为之？假如人生没有各种的伤心，人怎会反省、反思自己？怎么找到自己的过失？人生在世，凡事都要学会尽可能反求诸己，而不是求之诸人。如果人生学会了利用一切机会正确看待自己，学会了经常反思自己行为对错与否，这样人就会丰盛美满起来。人这一生，请千万不要从表面现象上，去看待和处理各种各样人、事、物。一定要懂得从纷繁杂陈的事情背后，去寻找到事物的本质，看到隐藏的道理，悟到蕴含的真理，清楚地明白自然力所进行的立体平衡。

当人生豪情满怀时，已是非常亢奋了。人在亢奋后，常有悲伤来进行平衡。要知道，过于高兴，就等于提前享用了自己的美好。更多的人生美好，就不太会再降临了。人生在世，任何的狂热，都会带来相应的人生悲伤。许多的人，凡事喜欢往好处去想，想得总是十分的美好，盲目做着各种各样的美梦，结果美梦常难成真，永远是梦幻泡影式追忆，如古人所言："自古好梦最易醒。"刚开始工作，就异常高兴；还没有做出任何成绩，就任意高兴；如果人生还能一帆风顺走下去，就不对了，就没有自然力平衡作用了。在生活中，也有些人，每当面对自己工作任务时，习惯性先把困难想得多些，总是预先想好了如何面对困难的办法。一旦取得了预想的成绩，他们总会显得平静、淡然，觉得没有什么可亢奋的。凡是拥有这样思维习惯的人，总能在人生风雨旅途中，活得顺畅、成功。

成功之时，异常高兴，实在是高兴太早了。因为任何时候的高兴，都会给人生带来悲伤，高兴永远嫌太早。人生应该苦炼内功，学会高兴面对苦难，淡定面对成绩，坦然面对工作，这样才是人所应具的正确观念和心态。

> 一定要懂得从纷繁杂陈的事情背后，去寻找到事物的本质，看到隐藏的道理，悟到蕴含的真理，清楚地明白自然力所进行的立体平衡。

豪情满怀，表面上看去，这是多好的赞美词，实际是异常亢奋的典型表现，其最终结果就是人生不顺气、不如意、不流畅。人生只有把握好了自心，努力做到心平气和、心安理得，才会把握好自己的明天，把握好人生的未来。

17. 初涉社会，如何应对工作中的困境

人的一生，是由各种福报和各样灾难所组成的风云画卷。如果人生早年灾难多些，未来人生福报就会相对多些；如果提前消耗了自己的福报，未来人生的喜报就会少多了。人的一生，就那么多点儿福报，总量是不会变的。早消耗早完结；晚消耗晚完结；不消耗会变成功德。现如今，人都希望早早享受自己的人生福报，更可怕是，当拥有福报时，绝大多数人，都显得特别的亢奋，哪里知道亢奋本身，就是一种人生的结果，就是在向悲伤转化？尤其是许多的孩子，在学校读书时，由于年龄还小，根本定不住自心，很容易亢奋不已，这个时候，如果家长也跟着亢奋，那么消耗孩子未来福报量是相当的大。

小时候当官，小时候太顺利，人大了不顺会相对较多。人生好事不能太多了，哪能总有好事降临？好事多了，人再亢奋，对未来不好的影响会更大。请记住，随意亢奋是人生灾难之源。人小的时候，少消耗些，大了福报就会相对多些。有些人，小的时候，就把自己福报享尽了，

> 人生只有把握好了自心，努力做到心平气和、心安理得，才会把握好自己的明天，把握好人生的未来。

长大之后，所剩下只能是艰难困苦和多灾多难了。人要经常反思自己的过去，这是十分必要的人生举措。反省亢奋的本身，具有修复未来的作用。当然，过去已经发生了，已经过去了的，并不十分的可怕，现在明白这个道理，也为时不晚。请记住，人主动寻找自己的毛病，就是为了改造自己的未来，使人生更加饱满丰实。当人们真正看到了自己的可笑之处，理解了今天所谓的平衡，就等于看到了自己的未来，冉冉升起的大片大片人生曙光。

一个人在工作上，所遭遇到的各种挫折和困境，都来源于人的自身。既来源于自我现在的心，也来源于过去的心，过去的事。现在的所作所为，既会平衡自己的过去，也会平衡人生的未来。这种平衡性存在，主要表现在如下方面：

对父母的气、怨、恨，会让你在工作中，莫名其妙遭受到天灾人祸之罚。因为你曾经违逆了天，没有设身处地认真理解自己的父母。

工作总是亢奋，就会发生人生悲伤和灾祸。过去在学校、单位所发生的亢奋，会形成今天和未来的悲伤与灾祸。

伤害过别人，也会招致别人伤害自己，这是人生平衡。

如果人内心违逆了领导、同事，就会阴差阳错受到各种的不顺。

> 人主动寻找自己的毛病，就是为了改造自己的未来，使人生更加饱满丰实。

第三章 直面人生，淡泊名利

工作上总是较劲，喜欢与别人争斗，最终会伤害到自己。人生只有自己，才能真正伤害到自己。别人的伤害，其实只是自然力安排的平衡作用。

自然力，如果想让人生取得更大的成绩，往往会用各种各样的挫折和灾难，来反复磨炼这个人的心胸和意志。人的承受力越大，今后人生造化也会越大。

> 人的承受力越大，今后人生造化也会越大。

18. 改变心性和命运

许多人都说，人生命运不可能改，尤其是算命看相之士多奉此旨。其实，这是典型的消极人生思想。人的运气，只是表示时间前后的转换关系，改变不了基本的人生定位。在人生实践中，任何的社会活动，都是可以改运的。只要通过艰苦努力，谁都可以取得骄人的人生成绩。当然，人生总体命格，基本上是不变的，总量不变。人之命运，具有先天的成分，它决定于人们先天的心情，也决定于人们后天的心情。认为人的命不能变，运不能改，是对绝大多数不修心者而言的，所谓"江山易改，本性难移"。

作为一个真修心者来说，人生之命运，完全是一个变量。如果人真能在本体上、心性上，下定决心努力改变自己，那么人生之命运，一定会有所改变的。人要改变自己的生命轨迹，必须努力向自己先天性格宣战，必须全力以赴战胜自己。请记住，随时随地觉知自己的身

> 作为一个真修心者来说，人生之命运，完全是一个变量。如果人真能在本体上、心性上，下定决心努力改变自己，那么人生之命运，一定会有所改变的。

心行为，让自心始终保持坦然、平静，不乱动喜、怒、气、恨、怕诸般心情，就是在改命、变运了。人心越是宁静，内心容量就会越大，人的胸怀越大，一个努力行善，品性高尚，道行卓越，明白生命真相的人，人生的命运，始终都会牢牢掌握在他自己的手中。只有我们自己，才能改变自己；只有我们自己，才能拯救自己；我们自己，就是这个世界的根本原因之所在。

人生的命运，其实可以由自己进行有效把握，由自心来决定。如果人能够下定决心，不遗余力改心性、塑性格，就能有效改变自己的人生命运。如果人不能有效改变自己的心性和性格，就不会改变自己的人生命运轨道。所谓命运难改，都是因为人的心情难改所致。变化是绝对的，不变是相对的。人生如果真正明白了自然力平衡之理，完全可以改变自己的心性，改变自己人生命运了。在这里，首先要认识到问题之所在，然后，就是坚毅去努力实践，结果自然成。请大家努力去改正自心，人生命运都会得到显著的改善，一切因"我"而变。

19. 理想与欲望

绝大多数的人，总是把理想和欲望混为一谈。人们常说，人生一定要有理想，为什么实现人生理想的人总是那么稀少？因为人往往带着强烈欲望之心去盲目追求，结果自然实现不了自己的理想，常会化成一种如梦

> 人生的命运，其实可以由自己进行有效把握，由自心来决定。

泡影。请记住，只有没有欲望的信念，才可称之为理想；拿人生过程当作生命目的的人，才能实现自己的理想。凡是那些拿结果作为自身目的，以名利作为自身目的之人，通常会很难实现自己的人生理想。凡是拿结果当作目的，就是典型的欲望，人的欲望常会引火烧身。"欲"字右半边，就是欠缺的"欠"字，表明是一种营养欠缺。人生在世，人应该坦然选择自己生活和事业道路，坦然去面对各种各样人生风雨。

"欲"字右半边，就是欠缺的"欠"字，表明是一种营养欠缺。人生在世，人应该坦然选择自己生活和事业道路，坦然去面对各种各样人生风雨。

人的欲望强烈，表明人已经站在了人生风口上，这是一件非常危险的事情。也许图得了一时，失去的可能会是一世。凡是没有明理悟道之人，总是喜欢追求外在的名声，表现欲十分强烈。这种根本不明人生真谛之人，现实生活中，可谓俯拾皆是。如果一个人看不到历史的平衡，看不到未来的结果，那么生命将是悲哀的。人的一生，千万不要费尽心机追求表面名声了，这些是虚的。虚名虚名，名乃虚也。凡是真正有长远人生打算的人，凡是真正明白了生命真谛的人，他们所图绝对是这一世的人生收获。表现欲强烈，本身就是一种极端化表现，也是急功近利的一种表现。表现欲强烈，在一定程度上，更是一个人性格之缺陷，要设法去除这个毛病。当然，在生命过程中，有时人也可以尽情表现自己，但是，表现时一定要平淡为好。只有真正的无欲无求，才能拥有美好人生收获。

人生倘若不主动设计欲望的荣耀和名利的光环，反而容易达成自己理想的目标。如果总是把利益看得太重，自然力会用失去，或用伤心来进行平衡。懂得把人生过程当作生命目标，是一个真正拥有理想的人。如果把什么结果都看得很重的话，说明他是一个充满欲望的人。一个充满欲望的人，通常实现不了自己的生命目标，且还会给自己带来，诸多生活和事业上的困惑与痛苦。请问，谁愿意选择人生痛苦之路？可是，当我们不能正确区分理想和欲望时，必然会走向痛苦之途。人生在世，请宁可不要那些所谓的理想，平淡地活着，未必不好。人生坦然努力，平静生活，不计较结果如何，本身就是一种人生理想，本身就是一种人生态度。

20. 端平心态

如果人们希望自己事业有所成功、有所成就，请大家千万注意，努力把握好自己的心情，端平自身心态最为重要。只有真正坦然的人，才能获得事业真正的成功。人这一生，千万要努力培养无欲之心、无为之心；千万不要总计较个人的得失、事业的成败。真正的人生得失、成败，根本就不能以一时状况来衡量、来论理，以一时计算为准绳。如果人会算人生账的话，应该懂得算什么是一世得失成败。凡是明理悟道的人，都知道人生一切，最终会有所平衡的，最终会处于归零态。人生只有真正

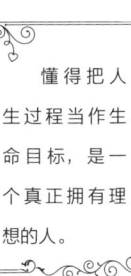

懂得把人生过程当作生命目标，是一个真正拥有理想的人。

> 人生应该懂得随时随地将自己生之本位放正，安住本分，守住自己。

看破了所谓的名利，才能不为之所动，才算有无欲无求之心。人生工作，应该尽量少点亢奋、少点激动，亢奋和激动总会招致各种各样的人生灾难。

人的欲望太大、功利心太多、名利心太重，哪能不招灾引祸？人生不顺，是一定会发生的故事情节。

人生有一个非常重要的认知：就是人生应该懂得随时随地将自己生之本位放正，安住本分，守住自己。只有这样，才会使人生安宁平和；只有这样，人在工作才不会盲目亢奋。人生只要真正懂得了把过程当作目的，自会对领导不再亢奋、不再气怨了；自会对同事们充分理解了。在人生中，凡事别总往好的方面想，别总想什么好处。请大家学会平静对待万事万物，这样工作才能顺利，人生才会幸福。大家牢记，人生工作目的，不在于成功了多少，而在于是否把握住了自心，能否让自心，在繁忙人生过程中，随时能真正清静下来，充溢着安然喜乐。

学会对工作平静对待；对领导平静对待；对同事平静对待；对名利平静对待；对表彰平静对待；对成功平静对待；对打击平静对待；对坎坷平静对待；对冤枉平静对待；对吃亏平静对待。在人生中，如果人生真正做到心态淡泊，凡事平静，就是最大的生命成功了。这种平静心、平常心，就会给我们的生命带来众多人生机遇。也会让未来人生岁月，更加成功，更加精彩，更加的丰润。

人生存在的各类成绩,都同个人努力有着相当关联性。但是,最终的结果,却同人们的心性紧密联系着,人心是主导之因。大家知道"功德"二字,求功不求德,到老一场空。任何的功,任何的道,都要靠着众德作为基础来强有力支撑的。人生光靠用功努力是不够的,关键在于拥有了什么样的心态。人的心态,把握好的话,定会有大的人生成果;把握不好的话,就不会拥有好的人生成绩了。每个人生会有成就,都有一个从量变到质变的过程。要知道,每一次人生所谓的失败,其实都可以是未来获得成功的重要基石。

人生只有真正看淡了所谓失败,才能最终获得真正的成功。越晚成功,越可能成为大器人物。古人讲:"早成不为真成,晚成方为大成。"此话非常值得人们深思。人的一生,不要整天盼望着自己早早成功;人的一生,是失败和成功不断相互的转换,最终是空;人的一生,不必把名利成功看得那么重要。当人热切盼望自己成功的时候,总是越盼越不来。

人生成功得越早,今后剩下机会就会越少;成功得越晚,今后剩下的机会就会越多。人生只要始终保持内心平静,平时不懈去努力,无论失败得多么的悲惨,最终皆会让成功奠定在非常坚实的基石之上。若是在人生的开始,特别的亢奋激动,人生成绩肯定会上不来的,因为过去的心情,会影响到今天的命运。人生成绩好亢

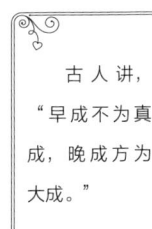

古人讲,"早成不为真成,晚成方为大成。"

> 人们总是习惯站在自己的立场上，去看待所有的人和问题。

奋了，哪怕是少儿学习好时的亢奋、激动、高兴，都会深深影响人的今天。一切的一切，总在不断的平衡中，这个世上，没有什么不平衡的，一切为了平衡之后的和谐。越是怨恨，成功越会不来；越是急切，成功更是不会来；越是盼望，成功越会遥遥无期；越是害怕，事情越会糟糕；越是高兴，人的悲伤会越大；上述心情，都充满着人生反作用力。人生只有用平静心，真诚相待万事万物，才会对自己的未来，发挥着源源不断正向的作用，否则，一切会适得其反。人们必须学会用这种心态，随时检查自己所作所为，认真检查之后，人会发现，自然力永远是公平的、合理的。

21. 相处的艺术

人与人相处，最容易产生出各种各样不平静心情。人们总是习惯站在自己的立场上，去看待所有的人和问题。绝大多数人，不会懂得从历史平衡上，去看待自己所遇各种人生问题。有些人，遇到自己所喜欢的人，就会特别的高兴，好起来就像穿一条裤子似的，到头来，总是无缘无故地分开，各奔东西了。有的人，遇到自己所不喜欢的人，就会十分郁闷，非常的不悦，结果越是不欢喜，所遇到不喜欢的人越多。当人遇到别人对自己特别好时，总是格外的高兴，甚至手舞足蹈。殊不知，这只得到了眼前的好，今后会少一个好的，这叫作"好了","好"的后面,一定会"了"。本来,人生的一切,都会前后有所平衡的。既然如此,对我们好的人,自己心存感激就可以了,何必非要特别高兴、特别亢奋呢?人生遇到对自己不好的人,就非常生气,这也是完全没有必要的错误心态。

实际上,在人生历程中,越是对自己不好的人,对自己潜在帮助可能越大,给自己的未来,所带来的人生机遇可能会越多。请记住,别人对自己不好的同时,自己的未来,就存了一个好在等待了。当自己很生气的时候,请问你知道会把未来人生好事给气没了吗?这可是自拆自己的台,自毁自己的人生前程。从历史看,那些非常糟糕的各种人生境遇,才能真正唤醒人们觉悟,请人们认真看待过去所不该有的悲喜心情,去深刻理解磨难背后真实的生命意义。如果真正明晓了这个道理,就该真诚对待那些不善之人了,就该心安理得接受一切了。人生中,对别人太好的时候,一定要学会主动拉开一些距离,为的是避免无意伤害到对方,让朋友之间的友谊能够地久天长。

当别人对自己不好的时候,要尽可能生出感激之心、理解之心,学会最大限度的涵容别人。人生只有拥有了一颗善心,才是一个真诚的善人,自己的周遭,才会众善人萦绕,喜乐永相聚。只要还存有私心,对别人还有分别之念,都不能算是真善、真好。人与人相处,好过

> 别人对自己不好的同时,自己的未来,就存了一个好在等待了。

了本身,就是一种过错,生了不好的心,更是一种人生的错误。请记住,对于人生一切,只有拥有了一颗平常心、平等心,才是真正高尚的人,脱离了低级趣味的人。人是平视的动物,既不应该仰视、羡慕、崇拜,也不应该藐视、看不起别人、不理睬别人。只有平静、平淡、平等,才是真正永恒的真理,才是人生待人处世的妙方法。

22.机遇与运气

通常而言,人们对"机遇"这两个字,都很迷茫,并没有真正的理解。其实,任何的人生机遇,都是由自心所生的,都是自己心性显现出来的。人有什么样的心,就会有什么样的性,有什么样的性,就会有什么样的命。"性"这个字,告诉人们,人生的一切,都是我们心里自生出来的。在人生中,我们每天都会产生各种各样的心情,每一种心情,都在体现着人们的心性。生一种心情,就生出了一种人生的机遇。例如,人生恨心,则生出了仇恨的机遇;生爱心,则生出了喜爱的机遇;生不理智心,则生出了迷茫的机遇。我们的人体,犹如一台巨型的计算机,人的心情就如同程序码。每天人都在输入各种各样的程序,其间常会有病毒程序进入其中,杀毒软件当然要靠自心自生出来。人生如果不输入任何程序,自心就会清静下来;如果输入与心性相反的程序,就可以修改自己人生程序码。

> 在人生中,我们每天都会产生各种各样的心情,每一种心情,都在体现着人们的心性。生一种心情,就生出了一种人生的机遇。

机遇面前，人人平等。当人们修改了自己人生程序码，并输入了正确人生程序时候，通常会获得良性的人生机遇。当然，并不是立刻就会有所收获了，越晚收获的话，效果会越大。一个人如果固定输入信号越多，他的人生程序也会越稳定。如果有人总是输入错误的程序码，等于自己给了自己一个病毒程序，今后就会在适当的时候，产生坏作用，破坏自己的好运气。所谓人生机遇不平等是指，如果人的心情不良善、不平静，相应的病菌就会非常众多，不好的人生机会，也会越来越多、越来越强。这种情况，光是靠着个人的不断盲目努力，是根本没有什么用处的，因为不懂人心才是第一要素，才是真正的内因，其他一切外在元素，只不过是外因条件而已。

人生肯定存在运气，各人机遇不同。人的运气由心产生，机遇也由心而生的，一切都是心情量变所生的。人这一生，每一个心情，都会残留在特定时空之中；每一个心情，都会对自己未来产生特定的作用，也会产生反作用力。每个人背后都有一个场态的自己，这个场态中的自己，就是用自己心情建筑起来的。人生总处在不好心情中，运气肯定会不好。人应该坦然面对生命的各种风雨，坦然面对相亲相爱的人生幸福。人生越是坦然，个人机遇会越多；人生越是坦然，个人场性会越大，场能会越强。如果人生懂得了用良好心情，去不断滋养自

> 人生肯定存在运气，各人机遇不同。人的运气由心产生，机遇也由心而生的，一切都是心情量变所生的。

> 认识自己心灵，努力去发掘内在心灵。勤奋改造自己的内心，就是在塑造良缘。

己的无形场能，那么，生命会越养育越饱满，否则，就会越来越干枯，越来越萎缩了。人生的运气、机遇，都是自己场能引起的，都是自然力的合理安排。

每当人生机会来临之时，总有许多的人，因为把握不住自己的心，而失去了迎面而来的机会。一个人的高兴、看好、看重、担心、怕失去、吹牛、幻想、激动、显示心等等，皆会使自己人生机会相应的失去。既然人已经在心理上，提前实现完毕了，现实之中，就不可能再让人充分实现了。人生真正的机会，往往只给人几次而已，并非经常性降临。当人们对人生机会真正有了无为之心、坦然之心、无所谓之心、不看好之心、无盼望之心时，许多重大的人生机会，才能真正降临自身，不辜负我们的真心。只有当人们具有了宽厚人生容量时，自然力才会适时给人重大收获。如果人所不具备的话，怎可能给你？所以，人心有多大，事业会有多大。人能否真正把握住自心，完全取决于自身，根本不在别人。请记住，谁把握住了自心，谁就把握了一切，谁就把握了世界。世间的一切，都是自心所创造的，都是自心的显化。

人生之路，在每一个人心中，也在自己的脚下。人生能否有效发现它，完全取决于个人自己。在人生中，机遇靠人如何去用心。请记住，人用一世的心，去换一世的命。人的心灵改变越大，命运发展就会越大。人的心灵不改变，人生命运就会是不变的量数。大家应该好好认识自己心灵，努力去发掘内在心灵。人生在世，如果懂得勤奋改造自己的内心，就是在塑造良缘，就是在铸造好命。

23. 享受

人要知道早享是借用；透支的是自己未来的福报。凡是今朝有酒今朝醉的人，大多是些愚昧痴迷之人，是些真正的傻子。这种人，通常不想自己明天好了，其所作所为，等于亲手砸毁自己的明天。任何人生福报，如果不恰当消耗了，到了一定程度，都会使人生病，或遇灾惹祸。如果消耗完毕了，那么死亡会很快的降临。凡是聪慧的人，通常不会选择先消耗这条人生道路；只有那些愚蠢、没有智慧的人，才会选择过度消耗这条人生路。当然，还有一种修大心、行慈悲道的人，根本不会去消耗什么人生福报，只是不断努力将人生福报转化为生命功德。一般世俗之人，不会认识到这个人生要点。

许多的家长，为了对孩子的宠爱，总会让小孩很小的时候，就过早享尽了各种人生福气。结果呢，孩子提前消耗了自己成年后的人生福报，等到长大之后，变得生活坎坷、事业不顺、不敬老人、身体欠佳等。请记住，凡是父母宠爱的孩子，总让其坐享其成的孩子，大多提前消耗了孩子的未来福报，不经意间给他们制造了一

> 许多的家长，为了对孩子的宠爱，总会让小孩很小的时候，就过早享尽了各种人生福气。

> 精神的"精"，精力的"精"，中文都是米和青菜的组合，这是告诉人们，只要有了粗米和青菜，人生就会有了精神、精力。

系列未来痛苦之因。对此，许多父母还愚昧无知，竟然洋洋得意，自以为自己是多么难能可贵的父母，真是何其悲哉。

现实生活中，许多人把吃、喝、玩、乐，当作自己人生追求的目标，当成幸福人生的硬指数，享受不已，自得不已。殊不知，尽情的享受，肆意的挥霍，这是非常消耗自己生命能量的，终有一天，这种人生观会让自己为之付出惨痛代价的。现如今，一天能够消耗过去一个月，乃至更长时间的人生福报。快速消耗人生的福报，如今是一件非常容易做到的事情。可是，如果我们想要得到这些人生福报，就不再那么容易了。人这一生，务必要懂得珍惜目前所拥有，一定要努力惜福。人的一生，切忌不要随便具有贪享之心，千万不要沉浸在吃喝嫖赌的快感之中，这是典型的人生慢性自杀啊。精神的"精"，精力的"精"，中文都是米和青菜的组合，这是告诉人们，只要有了粗米和青菜，人生就会有了精神、精力。古人在造字的时候，早已明白了人生的真谛，把许多生命至理，蕴涵在字形字意里，源远流长，让人思悟之、明晓之，践行之。请问，为什么古人没有把酒和肉当作"精"字来理解呢？因为他们总结了人生，明白了天道之后，才创造出中国特有的文字来指导我们的生命，警示人生。中国的文字，本身蕴含着天地之大道，宇宙之规则，今天究竟有几个人真正了知？

人的一生，请千万不要再随意消耗自己福分了。人们应该把人生福报牢牢的守住，留给自己生命的未来。只有这样的人生，才可能会细水长流，源远流长。人生须知，最好的饭菜还是白饭和青菜；最好的饮料还是白开水；最好的床铺还是硬板床。人生一切终将会返璞归真的，终归平平淡淡。请记住，越是美丽的东西，越是令人享受的东西，越是上瘾的东西，越是伤害人生最深重的东西。世间万事万物，永远在动态平衡之中，早受早了；晚受晚了；不受不了；这是人生能量平衡法则。

24. 欣然受惠

只要有所付出，就会有所回报。付出的越多，回报会越多；付出的越少，回报也会越少。人生付出背面的道理，是人的心情。有些人，也许付出了，并没得到相应的回报，大多是因为付出时，自己有了求回报之心，或者付出之时，自己内心不平静，心里并不真愿付出。如果这样的话，付出没有相应回报，是十分正常的。古人有句话，"有心行善，虽善不赏。"

有的人，付出数量并不多，回报特别多，其根源在于，人在付出时，并没有回报之心，甚至无付出之心。人在付出时，无心是非常难能可贵的，无心求回报更是稀有难得。这样的人，自然力自会特别照顾，最为眷恋。这种人即使付出很少很少，将来的所得总是很多很多。

人生须知，最好的饭菜还是白饭和青菜；最好的饮料还是白开水；最好的床铺还是硬板床。

> 人生之路，都是自己所选择的，千万不要随意怨天怨地。

有的人付出，图一时的回报；有的人付出，图一世的回报；有的人根本就不图任何的回报。回报的早，则回报的少；回报的晚，则回报的多；不回报，也不必悲伤，因为自然力替你厚存着呢，一切皆会有所回报的。在这里，关键是人们怎样去认识？人的心态到底如何？如果知道了平衡的道理，平衡的合理性，就应该注意把心给结合上，把时间利息给结合上，这样人们才能真正明白，自然力平衡的真实性、合理性、公平性。

只有大方的人，才能有机会挣大钱，体现了自然力对世人公平的平衡原则。为别人付出时，是否有无回报之心，这是人们能否有机会挣到钱财的关键所在。有的人，中小学时特别的大方，工作时的收获自然会多了；有的人，青年时经常主动性付出，中老年时节，就会拥有较多的人生收获。

现实人生中，还有这么一种类型的人，他们并没有什么钱财，又自命清高得很，别人如果给了一点礼物、钱财，就根本定不住自心了，完全受不了别人的好，自己总会激动不已，坚决要求退还，马上还掉人情。这样类型的人，乍看很清淡，实际是把钱财看得重的一种畸形表现，也是一种小心眼儿。凡是不近人情地拒绝别人，就是断绝自己福路的一种方式。大家知道，佛法广大无边，谁去主动施舍，寺庙功德箱，都在那儿等待着，你给多少，"佛"都不会说声谢谢，因为"佛"没有分别心。

那些所谓廉洁、自命清高的人,总是喜欢把所谓的钱财,看得太认真了,这也会受到自然力平衡的。人受不了好,等于拒绝了自然力的平衡,拒绝了因果必然性,自然力当然会让这种人贫穷的。人生之路,都是自己所选择的,千万不要随意怨天怨地。凡是人生所遇,都是生命的礼物,请大家千万不要刻意地挑选,请大家学会欣然地接受。

25. 先舍后得

人做生意时,一定要学会让自己心态平静下来,这个时候,它与别人的心态,正好形成了一个相对统一体。一个真正敢舍的人,通常会有所得的,这就是所谓"舍得"的概念,小舍小得,大舍大得,不舍不得。一个人能够施舍,是真正的放下,才是一种坦然的付出。这种平静的付出,同最终的人生收获会形成正比例关系,否则,就会成为反比关系。这个世界上,一切的得失,都是一种合理的必然。有得之时,必会有所失;有失之时,也必会有所得。如果人真正看淡了人生得失成败,喜乐、感恩自然就在其中了。

首先,人们要清楚地知道什么是"舍",只有真舍才能真得。现如今,许多的人,都认为自己舍了很多,没有得到相应的回报。其实,所谓的"舍",并不单纯是指给予某种物质。如果是这样理解的话,就把"舍"

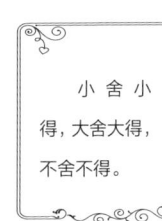

小舍小得,大舍大得,不舍不得。

> "舍",也是指人生一种难能可贵的内心放弃。

的丰富内涵,给理解偏了、窄了。

真正人生意义上的"舍",主要指人们心灵上的"舍",是指对人群随时报以心灵上的施舍。人生之"舍",并不只是给钱、给东西这么的简单。真正生命意义的舍,主要指人们内心深处的善念、善意、善心。万物皆有灵。人生之"舍",并不仅是对人类而言,"舍"具有非常广义的概念,具足对整个大千世界,普遍施舍的丰厚内涵。它是指对万事万物,生出了真诚的慈悲心。"慈悲"的内涵,真实的本质,就是无心的善。中文"慈悲",按字义的理解,是指大慈大"非"之心。古人对慈悲的解答,已经具有了非常高度的智慧。

"舍",也是指人生一种难能可贵的内心放弃。只有内心真正的放下、放弃了,才是"舍"的真实内涵、本质含义。有的人只舍不弃;有的人只弃不舍;既要舍,也要弃,才是真正意义上的"舍"。舍时无心、无目的、无盼望,可称之谓真正的舍。舍弃难得的称之为"舍",舍弃容易的则为"不舍"。一个亿万富翁,舍一万元为不舍;有几元钱的人,给予他人两元钱,就是大舍了。只有大舍的人,才会有大的人生福报。"舍",也是一个相对的概念,不是绝对的概念,不要把它绝对化了。

凡是那些敢舍的人,大多是不计较个人得失,喜欢义无反顾敢于作为的人。"舍",具有人生全方位的概念。有的人敢于舍工作;有的人敢于舍命;有的人敢于舍享受；有的人敢于舍时间；有的人敢于舍爱情。总之，人生之"舍"，没有什么具体的规定、单一的内涵。只要人生真舍，无论哪方面都是舍啊，不一定只有帮助别人才是舍。舍了难舍的，所得到的，也会是难得的，这是人生的平衡。许多人错误认为，舍是只出不回的，他们根本不知道，只有真正懂得舍弃了，才会拥有最大的人生回报。真正心灵舍弃，比一般性物质给予要重要得多，人生意义和价值要大得多。请记住，行善容易，舍弃难；有心容易，无心难。衡量人的舍之大小，主要取决于人的心，不取决于所谓的事情。真心舍，则真得益；假心舍，则假得益。

越是害怕赔钱的人，应该越会赔钱才是，因为怕什么来什么；越是盼望挣钱的人，应该越会挣不到钱，因为盼什么不来什么。人如果把生意看得太重了，往往会失去自己的生意。凡是急于求成的生意，通常欲速则不达。越是暴涨的生意，越容易产生暴跌，一切都在动态的平衡之中。

有些人，一旦付出了，立马就会后悔，本来，自然力已经为其付出镌了一块功德碑，因为后悔，结果把功德给减少了。人们后悔一次，就会减少一次，最终好事等于白干了。弄不好，还会给人生带来某种的灾难。所谓的舍得，就是指人的心越是舍，人生所得会越多；越是难舍的，越是要舍；不难舍的，不称之为舍。只有真

行善容易，舍弃难；有心容易，无心难。

第三章 直面人生，淡泊名利

正舍弃，才是人生真善。只舍不弃，哪会有真得之理？人的心灵施舍，永远是人生最大的舍，哪怕只是一丝的微笑，哪怕只是一份的理解。人生舍心难，舍物易。凡是真舍的人，才会真正有所获得，这是人生真理。

26. 花钱与赚钱

请大家认真看中文"钱"字的构成，钱这个字的右面，**繁体字**是两个戈字，左边是金子的金字。这是在告诉我们，钱乃两把刀子抢金子也。人世间，钱的本身，意味着斗争，一定会争要斗。古人用钱字警诫人生：利害、利害，利是害，利意味着害。人世间，只有两种物质，变化最多最快，变化无穷无尽。

第一个是人之情，所谓的心情、人情。

第二个是人之财。在世间，人们随时随地都在不断产生各种各样的心情，心情每时每刻都在发生着各种各样的变化，各种人情就像一张密不透风的大网，牢牢笼罩着我们的人生历程。现如今，人们都在肆意挥洒着自己的心情，在人情世故中，每天处在喜、怒、忧、悲、恐、惊之间，不断地发生各种转化和改变。殊不知，人的心情，也是一种稀有的物质，更是一种难得的能量，这种物质能量无谓的消耗，本质上在消耗每个人个体生命的精华。

另外变化最多的物质，就是所谓的钱了。在世间，人都爱钱，很少有恨钱的人。人世间，金钱作为流通货币，可以买卖万物。俗话说:"有钱能使鬼推磨。"钱不仅可以买到无数的产品、商品,甚至还可以买感情、买官位、买女人、买欢喜心、买感觉、买刺激等。世人皆说钱财好,为钱消得人憔悴。多少世间之恶之罪,都因金钱滋生而来,都因金钱争斗而显。现如今,金钱犹如潮水般来来去去,波涛汹涌地满世界奔腾流通,显现出巨大的社会价值,体现了宏大的人类实用功能。现如今,没有钱了,可谓寸步难行。当然,钱太多了,人生麻烦事也会大大增多。从人们对金钱所持态度上,可以充分看出其人的生命态度、人生价值指向。

世间的金钱,是让人起心动念,产生不平心情的重要根源。在现实社会中,金钱越来越充当着重要的社会角色。现如今,金钱已经使得人类之间,形成了多样化、社会化的交往,已经成为人们之间,各种情感交流、交织、交错的重要枢纽。对于金钱,激进的人们,总认为是万恶之源。但是,现实又离不开金钱,必须依赖它,才能生存和生活下去。没有金钱,人在现实中,根本无法立足,无法正常生存。现如今,因为金钱所具利害关系,已经让世人产生了各种喜、怒、哀、乐的心情,尤其是恨、怕、忧、思、悲、恐、惊等复杂的负面情感。在人生中,凡是在金钱上能够淡泊,把握住自心,使内心处在如如不动中的,就是非常难能可贵的圣贤之人了。在现实人生中,只要动了自己的心情,就是在污染自己,残害着自己。

世间的金钱,是让人起心动念,产生不平心情的重要根源。

在金钱上,人们如何修炼自己?这是当今世界最重要的心性问题,也是个体生命升华主题之一。

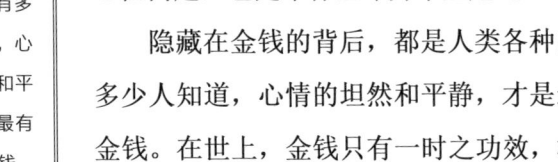
究竟有多少人知道,心情的坦然和平静,才是最有价值的金钱。在世上,金钱只有一时之功效,根本不会有永远的生命功效。

隐藏在金钱的背后,都是人类各种的心情。究竟有多少人知道,心情的坦然和平静,才是最有价值的人生金钱。在世上,金钱只有一时之功效,根本不会有永远的生命功效。许多人认识不到,心情的千变万化,是在不断消耗生命的本钱,是在耗尽自己的人生。本来,金钱应该是为人生心情服务的,人生最值钱东西是人的心情淡泊。最值钱的心情,就是我们一再强调的平常心、坦然心、平静心。现如今,为了金钱的得失,人在肆意糟蹋自己的心情,让自己的心情,肆意地受到各种欲望的驱使,受到各种人为的破坏。金钱已经成为人生,非常可怕的负向作用了。在现实生活中,为金钱所恼、所害、所苦之人,俯拾即是、比比皆是,何其多之。

人的一生,对于挣钱、花钱、舍钱、得钱,应该努力具有一种平静的、自然的心态。现在的人生,最难平静的、最不自然的,就是人的利欲心了。如果有人能够刻苦修炼自己,对金钱充满坦然、宁静心态,将是多么了不起的生命景观。人这一生,请不要盲目分辨什么是非、对错、好坏;请不要乱用感情在乎金钱的多少;请不要让心情随着金钱得失而胡乱躁动。如果有人做到了,就会成为亮丽的生命风景线,拥有美好生命喜乐了。凡是别人最难把握的东西,能够被自己有效把握住,人生就会在茫茫人海中脱颖而出,最终成为一个高尚无私的人;一个脱离了低级趣味的人;一个坦然大度的人;一个真正大富大贵的人。

人生在世,千万不要充当金钱的奴隶,不要被金钱左右生命。任何时代,只有那些不为金钱所动的人,才能真正成为金钱的主人;才能有效驾驭住金钱;才能让金钱为人生服务、为大众服务、为社会服务。否则,人的一生,就必然会被金钱闹得惶惶不可终日;就必然会发生许多不该发生的悲剧;就必然会极大浪费人生最有价值的东西——人的心灵。

做生意挣钱,人们应该学会自自然然,得也自然、失也自然。人生只要带着心情,无论是喜还是盼,担心还是害怕,都会反应在自己的生意上,都会带来巨大的无形障碍。人生如果多想想未来的困难,解决困难的方法和程度,当然也会大。人的心情,既可以解放自己,也可以困住自己;既可以带来人生的善缘,也可以带来人生的恶缘。现如今,人与人之间的交往,工作上的礼尚往来,金钱的价值和作用,早就融入其中了,到处都在显现其伟大的力量。在人生中,人们随时要努力,锻炼好自己对金钱的容量。首先是练习"受好"的容量;其次是练习"受坏"的容量。只要真正把自己内心容量练大了,人的未来就可能会拥有金钱,自己的生意会越做越好。

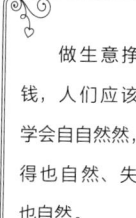

做生意挣钱,人们应该学会自自然然,得也自然、失也自然。

> 人的一生，对于挣钱、花钱、舍钱、得钱，应该努力具有一种平静的、自然的心态。

什么是人生"受好"容量？是指对任何人生的收入，尤其是金钱的收入，始终能够平静、坦然去面对，不管自己收获了多少，都不会随便生亢奋心、喜得心，真正看到钱了，心里并没有了不起的感觉。另外，人生须努力锻炼自己"受坏"的能力，这也是非常的重要。人生"受坏"容量是指，当人少得、失去、丢失、被骗、付出、损失之时，内心深处没有真正的伤心、担心、不舍之心。既不怨也不恨，一切平静去对待、去处理，这样人生"受坏"的能力空间，就大大扩充、扩展了。在人生中，我们若是真正练就了这样两种生命的胸怀，今后的人生岁月，一定会有好的生意，大的生意。人生真正练好了胸襟，就会拥有钱财了；练成功了，就会拥有大功德了。如果人生真正明白了生命的真谛，我们的人生就会获得极大的升华，个体生命就会真正的成功，最终获得解脱。

27. 不义之财

所谓的义与不义，是相对的，没有绝对。人世间，只有两种物质千变万化，一个是金钱，一个是心情。一个是一时的钱，一个是一世的钱；一个可以用于一时，一个可以用于一世；一个是看得见的，一个是看不见的。人这一生，通常会用看不见的服务于看得见的。然而，智者圣人们，总是用看得见的服务于看不见的，也经常直接服务看不见的。大家知道吗？无形的，才为真；有形的，都为假。人活着为了提升无形的心灵，并不是为了丰富有形的物质。如果人生把有形的物质，尤其是肉体看得太重了，就会迷失了自己，迷失了生命。

不合情、不合理、不合法、不合道的方式，所取得的一切钱财，都是不义之财。大家始终应该坚信这点：人生有的终会有，不该有的终会无，强行为之，即使暂时拥有了，最终一定会凶多吉少，祸不单行。人生本该拥有的，用什么方法获取，完全取决于各人的人生智慧了。许多人用不义方法，所取得的钱财，通常会大有变成小有，最终化为乌有。请记住，最后还会给拥有不义之财的人，带来诸多不幸的命运，引发诸多的艰难困苦。这样做的人生，是不是太得不偿失了？

人世间，许多人心情烦苦郁闷，心浮气躁，大多因为得了不义之财，得了一时，有时输了一世。中国有句古训，"君子爱财，取之有道。"只有那些用合理的方法，所取得的钱财，才是正当的，才会长久；否则，人生永远会是悲伤的，得而有患、得而有灾、得而有难的。人生本该拥有，为何不取之有道？为何不会细水长流？本来可以拥有一生，为何非要拥有一时？本来拥有，可以幸福一生，何必因为不义之财，而让自己的生命处在悲苦之境？一个不义之人，若得了不义之财，一定会招来别人的不义，一定会引发人生的厄运，本身就会进入一种恶性的循环。本该拥有，非得以不义之道去取之，本

人世间，许多人心情烦苦郁闷，心浮气躁，大多因为得了不义之财，得了一时，有时输了一世。

第三章 直面人生，淡泊名利

> 人世间，有两种物质能量川流不息，四处流溢。一个是情，一个是钱。

身就是一种自毁前程的行为方式；就是自找苦吃的傻行；就是主动选择了一条人生悲苦之路。请大家看看，当今世界，那些因为不义之财而富贵起来的人们，哪有一个真正拥有了人生的幸福？哪有一个真正富贵到老，善始善终的？

通常而言，人们会认为自己之所得，是合乎天地道理的。大家须知，凡是世间人事，一定要合于情、合于理、合于法。合于情，就是在情感上，不伤及自己家人和朋友，双方的意愿符合人间正道；合于理，是指所作所为理由，十分的正确，符合常理；合于法，是说行为符合国法、企业法、商业法乃至家法。人世间，有两种物质能量川流不息，四处流溢。一个是情，一个是钱。金钱更是成为了当今社会最密集的人际交错网络。现如今，人人都在变换，个个都在交流，人间不断演绎着情感与钱财的流通往来，形成了一系列组合各异的人生悲喜戏剧。

"道可道，非常道。""名可名，非常名。"常道为基本之道，真正的常道，隐藏在非常之道里边，隐含在最复杂的表象之中。纷然杂陈的万千景物，总是蕴含着最简单的大道。最简单之道，通常是最正确的大道。大道至简。天地最为简单的大道，就是阴阳，一阴一阳为之道。阴阳的千变万化，让多少世人眼花缭乱，神志不清，真相不明。"君子爱财，取之有道。"还有一层更加深刻的人生哲理，就是到底如何才能取之有道？其实，放下欲望就是道；看破钱财就是道；无为无不为就是道；以非常人之心，取常人之道就是道；顺其自然就是道。

另外，无欲而求谓之道，有求则不是道；不求而得谓之道；以无念出非常念为之道；以简单生万象和万法谓之道。如果人们在日常生活中，能够静下心来了，就可以从简单、从零、从静、从空之中，去发现神秘的大道了。生意之道，也可以从最简单人生规律上去发现、去觉知。在生意上，如果人们真正看明白了、搞清楚了，人生也是完全可以悟道的。最高级的，就是最简单的；最复杂的，也是最简约的。生意之道和人生之道，本身就是同一个大道。只有从历史、从人生、从内心深处，人们才能发现真正的"道"。道乃一阴一阳，一个是"0"，一个是"1"，可以演变成了千变万化的"计算机"。我们只有彻底明白了人生的道理，才能真正明白自己的财理，更好驾驭财运，君子爱财取之有道。

自古以来，古圣先贤君子，都是明白了天地的道理，然后才合情、合理、合法获取财富，他们都是看到了非常之道，并能有效从常规之道入手，逐渐达到无为而无不为之天下大道的。

28. 知足富贵

古人造"福"字，由一件衣，一口田组合而成；造

> 放下欲望就是道；看破钱财就是道；无为无不为就是道；以非常人之心，取常人之道就是道；顺其自然就是道。

"富"字，由家里有一口田组合而成；就是在告诉我们，知足乃是幸福，简单就是富足。现时代，随着物质文明的高度发达，福和富，许多人都基本已经拥有了。由于人类的贪心不足，总想蛇吞象，结果许多人变得既不富也无福了。当然，人类的福和富，并不单纯只指金钱而言，更不是单纯指物质生活，人类的福和富，更主要是指人类精神的知足者、满足感。"知足者富贵也。"实际上，当人满足了基本的衣食住行之后，每个人都具备了人生幸福的条件了。现时代，人类不断膨胀的物质欲望，已是一个大祸根，也是许多人生不幸的根源。随着物质文明飞速发展，人类越来越膨胀着各种各样物质欲望，使人类欲海难填，走向堕落的深渊。

> 当人们不断满足自身欲望时，随着各种欲望的不断被满足，许多人逐渐失去了人最可贵的东西、最有价值的东西，这就是人生精神、心灵上的自我丰满、自我丰盛、自我丰富。

如今，人们总是喜欢同富贵人相比，越比越产生出大欲望，各种的人类痛苦随之而生。大家须知，人的欲望一旦生成了、满足了，就会随之更强了、更大了。殊不知，欲望越大的人，活得会越累；人生越累，活得会越不幸福。当人们不断满足自身欲望时，随着各种欲望不断被满足，许多人逐渐失去了人最可贵的东西、最有价值的东西，这就是人生精神、心灵上的自我丰满、自我丰盛、自我丰富。

作为一个普通百姓，购物只是为了基本的生活需要。简单购物背后，也有一些浅显的道理，需要人们去真正明白。请大家记住，凡是带着欲望去买的东西，一般不是贵了,就是不好用;凡是带着较劲心理去购物者,买来的东西,往往会令人伤心,不是错了,就是坏了,或者没用了;凡是带着生气心理,去购买的东西更是要不得的。凡是带着担心心理去购物,常会使担心成为一种现实。总之,一切暂时满足的背后,所失去也许会更多更大。上述行为,告诉我们:购物有如人生,需要人心尽可能保持平静、自然、祥和。

生出了不平静心,人就要开始反省、反思自己,应该立即想到自然力的平衡作用,努力控制住自己的购买欲。请记住,人在购物时,任何不平静心情,都会残留在自己所购商品之中,心情与商品,今后会共同产生某些不良的效能。试问,有多少人知道这个能量定律?只有当人用平静心情,去购买的商品,才会充分体现出自身的价值,或更大的价值。

29. 慈善施舍

所谓的施舍,主要所讲是"舍"。舍的背后,应该是忘我,而忘我的含意,就是把我的心给亡掉了、死掉了。现实中,很多的善人,往往为了求得现世的福报,去积极施舍助人。殊不知,"有心行善,虽善不赏。""无心行善,便是功德。"凡是带着各种各样的欲望心、显示心、满足心、不安心,去寻求人间福报,去有意行善,都不是什么真正的大善;凡是对他人具有同情心、可怜

> 购物有如人生,需要人心尽可能保持平静、自然、祥和。

心,这种善心也称不上是什么大善。真正的大善,是指人的慈悲心,是"慈心非心"。有心,有我,有所求,都不能称之为大善。人生的福报,不是求来的;真正的人生福报,是自己平生努力修来的。

只有无怨无悔地帮;无所谓地帮;不作任何表现地帮;不带欲望地帮;忘掉自己好处地帮;不求结果地帮;不刻意地帮;顺其自然地帮;才是真正的善行,大的善行,难能可贵的善举。否则,凡是人生有所求的舍,一定会难如己之所愿的。凡是有求有心,则会求之不得,这就叫作"求不得"。请记住,任何的付出,或者帮助人群,需要拥有一颗平静的心、坦然的心、无为的心。如果施舍他人,不平静心越重,回报会越少;被施舍的人,也会越受到施舍人的心情所影响。

你越是无心,他会越顺;你越是不静,他会越不顺。凡是不平静心太过了,反而会给别人带来许多不必要的伤害。如果自己行善的举动,不注意伤害了两边,就不是什么真正善人了。真善,一定会有真回报的;真舍,一定会得到真回报的。人千万不要为了所谓的回报,才去主动进行一些施舍,这样会使自己变得渺小起来,会让人生失望不已的。人不管有什么追求,都要做到淡然、平静、平常,人生要懂得顺乎自然。

现实生活中,许多人因为一时之利,而输掉了自己一世之好,甚至来世之好。多少人因贪婪而疯狂,因疯狂走向毁亡，真是悲乎哉。

现在的人，总是盲目认为，既然一时看不到什么人生未来，就大可不必去管什么未来了。大家看看，人世间，那些取之无道者，哪有几个是真正一生安康、一生平顺、一生幸福的人？最终不都是忧伤重重，痛苦不堪了？许多人不都被打回了原形，过早结束了自己人生福分？人这一生，既然命中会拥有，何不坦然求之、正道求之？古人讲，"半世功名百世愆。"大家要警惕、警觉、警醒啊。那些为了一时之利，害了一世之益，使生命走向堕落之途的人们，是多么的可哀、可叹、可悲。

人若能节省，就坦然去节省。千万不要为了节省而较劲；千万不要自己节省而看不惯别人的浪费。各人有各人的习惯；各人有各人的需求；各人有各人的因缘；这是自然而然的客观事实。我们认为，凡是喜欢节省的人，应该去体会一下浪费的感觉；凡是喜欢浪费的人，应该去体会一下节省的感觉。平常的生活，都是为了人的感觉服务的，人是跟着感觉走的。既然如此，大家应该努力提升自己的人生境界；努力树立高远的人生目标；努力让人生所有的感觉安静下来、空灵下来、自然起来。做到这样的话，我们的人生会走上觉醒之路。

对于金钱，不管人们算得多么的精确，也没有自然力算得精准。人生凡是喜欢算计的人，多会为算计而苦恼；不喜欢算计的人，必会以不算计为解脱。实际上，

古人讲，"半世功名百世愆。"

> 苦难之事，来反复磨炼自己的心性，提高自身的生命境界。只有这样，才能真正明白儒家的"中庸"；学习好道家的"无为"；领悟到佛教的"空性"。

人生再怎么会算计，也不能真的算计出个什么金钱来；人生再怎么会算计，也会受自然力平衡所支配。在生活中也有些人，尽管自己比较贫穷，但是，在做人处世上，却是大气、大度、大方。如果人生真正能够大气、大度、大方，那么会有挣钱机遇降临的，这种类型的人，贫穷只是暂时的。实际上，越是大气、大度、大方的人，挣钱的机会越多、越大。有些人，总是喜欢算计，一生算计到老，越算计越苦恼，越算计越贫寒。人的一生，凡事有度、适可而止，算计也是如此，凡过就是错。人生凡事要有善心、善念，太过于用心机，会把自己算计了，最终会毁了自己。

在生活中，人们如何修炼自己？这是许多人关注的问题。修炼是人生的必修课程，人生的修炼，最主要是通过各种的事情，尤其是苦难之事，来反复磨炼自己的心性，提高自身的生命境界。只有这样，才能真正明白儒家的"中庸"；学习好道家的"无为"；领悟到佛教的"空性"。在生活中，如果人能放弃自己的小聪明，不断消减私情私欲，从内在把握自心，安住自心，就会拥有真正的人生本领，就是值得称赞的人、了不起的人。当然，人生也要有所算计的，最主要所算计的，应该是人的自心。人生应该学会觉照自心，观看每时每刻干些什么。如果人生懂得算计自心，就是反省自己、改正自己、提升自己，就是不让自心随意惹上世间尘埃，这样的人就会觉醒，就会成为觉悟的智者。曾子的"每日三省吾身"。就是要求人们，人生要学会常观自心、常照自行，经常清洗身心灵的垃圾。只有这样"善护念"，人生才能"观自在"，走向觉悟，走入喜乐之境。

当人起了贪念，或用贪念之时，实际上，这个人已经是愚昧了。"贪"字的中文含义，是指今天的宝贝，表示并不代表明天，贵在当下。古人造字时，已经把宇宙人生的道理，蕴藏在文字构造和字义中了，没有多少人真正注意到了，或研究过中文所蕴含的真实道理。"贪"字，最重要指人心。现实生活中，许多人喜欢贪，总想多占，哪怕只是一分钱；只有极少数的人怕贪，怕多占别人的东西，哪怕只是几分钱；这两者都是心灵有病的一种显现，尤其前者病态严重，有的已经病入膏肓。曾有一个朋友，因为买东西时，人家多给了几元钱东西，结果老是慌张，总在惶恐，时常喊着一定要还回去，又怕给人家售货员带来不良的影响，终日自身不得安宁。其实，这本是"无心作恶，虽恶不罚"的事例。但是，这人在自心中，始终不能平静对待，理性处理，结果让自己得了一种疾病，老治不好。这就是典型自己给自己找病的例子。

恶与善，贪与廉，关键在人的心，并不在所谓的现象。人心是区别世间万事万物的根本因素。无心得到的，不是什么贪占，没有私心所得的，不是什么贪心。如果一

只有这样"善护念"，人生才能"观自在"。

> 有心则罚，罚的是心；贪心重，惩罚心也会重。

个人怕贪，害怕别人认为自己贪，害怕不良的果报，就不自然了，也是小心眼的典型表现。有些人，特别怨恨贪污，说起别人的贪污，总是义愤填膺的，好像有什么深仇大恨似的，其实，这是一种非常要不得的恶念。人生，瞎操心不好，乱怨恨更是不行。人们只要把自心管好了，让自心清静下来、安乐起来，就是人生最大的己任。为了贪占而自毁前程，为了不贪而心神不安，都是心不清静，心不自然，这是人生病态的表征。

在人生中，有些人为了贪小利，可用尽心机了，这种人在未来岁月里，人生所受到的惩罚，将会是深重久远的。许多人吃了点亏后，稍受不公待遇，根本不懂得去寻找自身原因，一点看不到本有之因果，整天在那里怨天、怨地、怨人，愤恨不平，实在是让人觉得可悲可叹。自然力所惩罚的，主要是人心，如果加上时间利息，几十倍乃至上百倍的处罚，故能会使那些贪占之人，在遭受所谓巨大损失之时，找不到任何正确的答案。请记住，有心则罚，罚的是心；贪心重，惩罚心也会重。早罚，罚得轻；晚罚，罚得重。

30. 接纳是真善

曾经帮过别人，自然力自会安排别人帮助你。助人助己，这是人生的平衡，尽管不会是一一对应的平衡。在帮助别人时，人们也许得不到这个人的回报。但是，自然力会为你计算好、记录好,会在适当的时候,安排有缘之士,来帮助你、回报你。古语讲,"吉人自有天相"。如果知道了这种自然平衡关系,你对于别人所给予的帮助,就可以安然自在了。这个时候,如果你拒绝接受的话,就会显得不自然、不明智了。如果你的心情总是不安,就更不自然、不自在了,等于你对自然力的安排没有理解,被眼前表象迷惑住了。人世间,没有无缘无故的事情,一切均有合理的必然性。

善人、好人,通常会有浓烈的感激心。倘若感激心过重的话,有时也会伤人伤己的。感激心重,有时还会给对方带来不良的心情场,带来不好的作用力;同时也会给自己带来不良的信息场。请大家牢记,人生所要锤炼的东西,就是人心的容量。如果人们好也自然、坏也自然,内心容量自会越来越大;人的世界也会越来越大;与自己结缘的人,运气也会越来越好。别人对自己好,我们并不是不要去记人家的情义,不领人家的情;而是应该平和去理解,坦然去相待。将来若有机会,再平静地去回报人家,平静地去回报社会。"滴水之恩,当涌泉相报。"

从不收受别人的赠予,没有所谓对不对,关键在于自己的心。合乎情、合乎理、合乎法,当然可以收;坦然的人际往来,当然可以收;如果动了贪念,就不可以收了。人受不了好,这是内心容量太小的表现。凡是无缘无故拒绝别人,令人家伤心,也是一种恶的表现。请

> 人生所要锤炼的东西,就是人心的容量。

> 人生平静地接纳一切，就是真善。

记住，人受不了好，总是拒绝别人，等于拒绝了自然力的安排。如果自然力认为你不理解"他"，今后再也不会给你了，你这样的做法，叫作不知好歹。

很多的"善人""好人"，因为人生受不了什么好，始终在贫困中活着。一个人把别人给予自己的好，看得太重了，说明内心容量有问题。凡是受不了好的人，给予别人帮助时，也会算计着，凡是小心眼的人，大多具有这样的特点。当然，任意接受别人的好处，总以为是应得，且自得其乐，也是一种私欲、贪念，也是一种错误的观念和心态。

大家知道，人生不能随意起心动念，凡有念即造因，生缘起。如果受了礼、受了好，方生感激心；没受礼、没受好，就不理不睬，这都是非常不好的，这种分别执着之心，极度的不自然，根本就不对。人世钱礼往来，使自己动了分别之心、执着之心，本身就是问题，表明不是什么大善士、大好人。人生要努力学会用坦然心，去平淡对待万事万物。人生平静接纳一切，就是真善。

31. 吃亏是福

人生一切的现象，都是一种表象。表象的正面是假象；表象的背后是真相。人们总是习惯从表象中，直接去理解人、事、物。人这一生，最容易被各种的表象所迷惑，并且产生出许多不平静的心情。自然力是创造人生机会的根本力量,对于我们的人生,它不断地平衡过去,也不断地平衡未来。过去贪占了,今天就会吃亏;今天平静了,未来就会给予补偿。吃亏的背后,总会有收获的一面,当人生吃亏时,收获已经在你的人生银行中存储下来了。一个是可见的,一个是不可见的。人吃亏时,内心不平静,总在愤怒着,亏就白吃了,自然力不会补偿你了。如果人在吃亏时候,知道这是自然力的平衡,且以此为乐,这种的吃亏,就会转化为人生的福报,将来会择时厚报给你。

  人生吃亏,不就是了一样,得一样吗?这是"了"得哟。如果人生不吃亏,总占便宜才是好,就等于好一样,"了"一样,叫作"好了"。人得好,原来是"了",吃亏原来就是获得。假若人们懂得如此去看,人生哪还会有心理不平衡之理?人生倘若真知这些简单的道理,内心就会平和、宁静下来了,就会充满坦然、舒适。吃亏就能成为获取人生丰厚福报的表征。告诉大家,人生吃亏,就是人生积福的秘方。人生的福报同人们吃亏多少,吃亏坦然度成正比例关系。人世间,凡是事情的反面,通常存在着正理,真理总是在表象背后蕴藏着。请记住,人生得到等于失去,失去意味着收获。一切只是在不同的时空,因缘发生而已,因缘变化而已。在这个世间,本来就没有亏,也没有便宜,一切是平衡的、自然的、合理的、必然的。

> 吃亏就能成为获取人生丰厚福报的表征。人生吃亏,就是人生积福的秘方。

第三章 直面人生,淡泊名利

人生的背运,尤其财运不佳,是对人生最好的历练,大家千万要懂得珍惜它。人生的背运,是改造未来的最佳时期。

人生都有背运的时候。人的未来是否造化好,很大程度上,取决于人在背运时的心态如何。人生的背运,尤其财运不佳,是对人生最好的历练,大家千万要懂得珍惜它。人生的背运,是改造未来的最佳时期。人的一生,通常会起伏不定,潮起潮落。很多的富翁、领袖人物、精英人才,都经历过了常人所没有经历过的,各种人生逆境。在人生背运时,他们大多会心胸坦然,平静面对各种艰辛困苦,努力做到了常人所不能达到的高尚境界。因此,他们自然也会得到,常人根本得不到的大福报、大成就、大造化。

人的一生,应该学会把生命经历,当作人生的乐趣,千万不要因为好而高兴,因为不好而悲伤。人生的价值,一定程度上,在于人的经历;经历的价值,在于人的心灵觉醒。如果人们总是为外物、外境所迷、所动,人生就会失去真正的"自我"。如果人的心灵,不为外物、外境所迷、所动,就是自己生命的主人。如果能够将人生的艰难困苦,当作一种甜美的享受,人生就在养心培福了。只有在巨大人生灾难面前,才能真正考验一个人,才能真正造就一个人。

古人讲,"艰难困苦,玉汝于成。"一切的人生艰难困苦,都应该正确理解为,自然力在给人的生命,一次升级考试的机会;一次脱胎换骨的机会;人生应该以此为荣,以此为乐。人们倘若真正懂得并做到以苦为乐,

"艰难困苦,玉汝于成。"

那么所换来的，就会是人生的别有洞天，"百尺竿头，更上一层。"人生最背运的时候，恰恰是我们的生命生意盎然、生机一片的时候。人生在遭遇绝路的时候，往往会遭逢到真正的生机。最黑的时候，就是黎明前的黑暗了，这时也是太阳光芒，即将普照大地之时。在人生背运时，尤其财运不佳之际，人们只要平静去面对、平静去等待、平静去努力，就一定会柳暗花明又一村。我们务必要懂得珍惜这个绝妙的人生良机，坦然去作为，平静去努力，将来的人生，一定会迎来阳光明媚的艳阳天。

32. 生意成败

人的一生，永远没有最终的结论、结果。人生的悲伤，都是一种暂时的结果，都是过程中不可或缺的悲伤。一个总是悲伤的人，会是一个自曝自弃的人；会是一个经不住考验的人；会是一个没有真正过关的人。人生越是莫名的悲伤，越会有不幸悲剧发生。如果人们不明智地选择了悲伤之情，等于人生还要走一段悲苦之路。自然力，所最恩爱的对象，从来是那些生命的坦然者和勇敢者。人的一生，越是坦然、越是勇敢，说明人生容量越大，自然力就越会给人各种的机会。请记住，在人生中，每一次的考验，都是自然力在测试人们自心的内在容量。人生内心容量，都是自己的心情走出来的。人生有多大的内心容量，就会有多大的人生造化。如果人的内心容

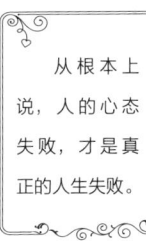

从根本上说，人的心态失败，才是真正的人生失败。

量无限，人生造化就应该是无限的。

实际上，人生每一次失败，都会离成功更近一步；每一次的赔钱，都会离挣钱更近一步；每一次失去的背后，都会有一个成功在等待着；每一次成功的背后，都会不可避免有所失败。凡人们看不到人生现象背后的真相，总会被各种人生表象所迷惑，经常无辜处在所谓的痛苦之中。人生有所失意，必会有所得意；人生有所失败，必会有所成功；一切都是自然力的平衡。人生在怨恨的时候，必会有所悲伤，怨恨什么，招来什么。人生别怨恨，人在怨恨时，总会把未来储存下来的好处，都给怨恨没了。一个充满怨恨的人，等于在怨恨自然力，在怨恨平衡力，越是怨恨，人生越容易倒霉。请记住，人生只有怨恨自己的权力，根本没有任何权力，可以去怨恨别人、去怨恨社会。凡是怨恨别人、怨恨社会，本身就是一种大恶念、大恶行。这样的人，必然会遭受人生的挫折、困苦、疾病。

人做生意，都是为了人生心情服务的。人的心情，是人生最重要的，也是最根本的需求。人的心情安详，人生才会吉祥。人的心情，不平静、不安详，就不会有什么人生幸福可言。人生的幸福，来源于人的心情，来源于人的喜悦感、满足感。人世上，任何的物质追求，都应该服务于人的心情，让人心满足。如果人们不懂得主动去磨炼自己的心情，自心中就很难拥有幸福感。凡

> 人生有多大的内心容量，就会有多大的人生造化。

> 人做生意，都是为了人生心情服务的。人的心情，是人生最重要的，也是最根本的需求。

是没有经历过人生痛苦磨炼的所谓宁静，都是靠不住的，根本就不会牢固。只有在人生大风大浪之中，所锻炼出来的坦然、平静、安详，才会具有人生的坚强定力，才会洋溢着人生的智慧。

在人生中，最容易让人们心态不平静的东西，就是情和钱了。这两样东西，又是锻炼人生最好的东西。人生之心情和世间之金钱，全具有两面性特点，要么使人痛苦，要么使人幸福。人做生意，就是在同人生付出和人生收获反复的打交道，这是非常有意义的生命体悟过程，也是非常美好的人生锻炼机会。人这一生，千万不要看重现实的一时结果。人生的目的在于过程，人要学会活在当下，人要贵在当时。人生过程的好坏，最终在于人的心情，人的心情，才是人生真正的根本。在生命过程中，人们要学会在得失成败中坦然；在付出与收获中如如不动；在生意中深刻去体会人生的平衡；在平衡中找寻到无形的自然力；在顺其自然之中，真正看懂了自己的人生价值；在言谈举止之中，努力把握好了自己的心。所有这一切，就是古人所说的修炼、修行之道，也是人生朝天大行之路。一切的人生，说到底就是为了修炼、修行人心，而不是为了修养、滋养人身。即使是修身而言，也是为了更好的修心，让人的心灵，真正的觉醒，渐次达到空灵之状，最终走向真相大白。

一般而言，人在干任何事之前，都会因事生心，都

> 未来的，就在当下；过去的，还在当下；一切的一切，都在当下，就在眼前。

会有所思、有所想的。许多人，总是喜欢只想好事，自然力会相反作用于人的不平静心情和各种欲望。凡是好事，给人想完了，就会化解自己未来的好。生意投资前，人们应该努力去多想可能存在的各种困难，认真去思索如何坦然面对各种的困境。很多聪明的生意人就是这样做的，因为他们知道，困难考虑越多，未来化解困难的能力就会越强。世上的事情，同人的心情一样，具有超时空的特点。未来的，就在当下；过去的，还在当下；一切的一切，都在当下，就在眼前。眼前的一切，全是立体的时空，前后际断，心行处灭。当前的思考、当前的心态，既会影响到过去，也会影响到未来。人的心情，本身就具有置换和覆盖的作用，想到未来就高兴，等于把未来的高兴置换到了今天；如果想到如何化解未来的困难，就会把未来的困难提前给化解了，就会为未来发展扫清诸多的障碍。

一个真正大有作为之人，都会或多或少具有无为而为之心态；一个真有智慧之人，因不生其心，而会无所不为。面对人生的一切，人们若能表现出足够的坦然和宁静，根本没有任何的担心、盼望、害怕、兴奋等不良心情，内在不生任何的心情，自然力就会让我们获得巨大的生命力量，取得丰硕的人生成果。人生在无为之时的效能，总是最高的，效果会最好。

请记住，人生怕什么来什么，害怕能招来灾祸；急是灭，急则不来，欲速则不达；气是难，生气必会遇到诸多困难；人爱怨一定会生病，怨是招病之本。恨是灾，人恨心重，一定会有灾祸发生。人心不良情绪有多重，人生的灾难就会有多大。

33. 平淡是真

人世间的爱情，本来是平常的、平淡的、平凡的。但是，现如今却被人的各种欲望，闹腾得沸沸扬扬了；被各色的作家，各类的电影电视，搞得心惊肉跳，魂不守舍。现时代，人类的情感正在日新月异，江河日下，肆无忌惮地泛滥着。所谓的男女之间的爱情，更是让人疯狂，让人迷醉，让人沉沦。请问有多少人真正的知道，一切的迷情痴爱全只是些梦幻泡影，过眼的云烟？人类的爱情，因为可歌，方才可泣。

众所周知，人生的情感总量，这是一个相对固定的能量数。如果人们用一年的时间，就消耗了自己未来几十年的爱情能量，那么一年之后，就只有分离而去了。人类男女之间谈情说爱，如果经常热情似火、心潮澎湃，总是追求感官的刺激，哪会不悲伤？兴奋与悲伤，这是一对形影不离的俩姐妹，总是成双成对的到来，一个为先，一个在后。双方太好了、太亢奋了，就不可能使男女关系长久下去。请记住，凡是好过了，就等于好错了。人生只有平静地面对男女爱情，坦然友好地相爱，才是

> 怕是招；急是灭；怨是病；气是难；恨是灾。人生的灾祸，都是我们自心招来的，所谓"祸福无门，惟人自招。"心中有，必会有；心中无，哪会有？

第三章 直面人生，淡泊名利

人生的道理，根本不是用来说的，而是用来实行的，需要在人生实践中去体证出来。道行，道行，道在行。修道，得道，关键在行道。

真爱；双方只有付出、包容、忍耐、理解，才是真爱。倘若男女爱情稍为美好点，就容易冲昏头脑，今后怎么可能永远拥有？一切美好的东西，都是短暂的显现，这是自然力平衡法则。

人生如果想永远保持美好的感觉，就一定要把所有美好当作水一样去品尝，内心始终保持平淡、保持宁静。人世间，爱的多，恨就会多；高兴的多，悲伤才会多；一切都是相伴而生，对称而来的。人生要学会坦然面对一切，凡事习以为常。人们只有对爱情坦然、平淡、平静，才能长久地拥有自己的爱情。"平平淡淡是真，平平淡淡长久。"这些话谁都会漂亮地说着，表面上谁都会懂得，可是几个人做到了？人生的道理，根本不是用来说的，而是用来实行的，需要在人生实践中去体证出来。道行，道行，道在行。修道，得道，关键在行道。

人类的爱情，应该是男女之间的自然吸引。凡是不自然的吸引，都是一种心理上的偏执，一种人生的后患。所谓自然吸引，指的是男女之间相处时，彼此能够坦然放松和自然相合。男女双方，既没有过分的激荡，也没有较劲和冲突；既没有多少可歌的亢奋点，也没有什么可泣的悲伤点；既没有一见钟情的澎湃火热，也没有初次相识的莫名别扭；一切都是自然而然的顺其自然。过去，中国人的结婚对象，绝大多数是由别人介绍成功的，古人更是男女授受不亲，媒婆之言、父母亲定。那个时候，人们大多没有什么过多追求爱情的欲望之心，反而地久天长的眷属特别的众多。现代人，男女在情感上，真是厉害得不得了啦，人们总是不顾一切地狂热的追求着。所追求的男女情爱生活，大多都是些火热奔放、色欲横流，让人遐想万千、激动不已。殊不知，这种过度追求的热恋方式，所谓的感官享受型，不知消耗了多少人生幸福的婚姻，带来了多少人生的苦痛和磨难。

真实而言，人类男女间爱情，彼此所需要的，并不是什么火热追求和拼命享乐。反而应该是男女双方各自心态平静，双方平等相亲、相爱、相助。要知道，人能让自己相对平静，往往会使爱情生活地久天长。请记住，凡是让人激动、奔放、放纵的情感，都不是什么真正的人类爱情，充其量不过是个人情感的不良互动和渲泄而已。现时代，离婚率的逐年上升，居高不下，都已经表明了现代人在男女情感上，已经显示出现了大问题。现如今，男女在交流和交往过程中，所存在的错知错见实在是太多了，所消耗的人生福报和幸福感，实在太惊人了。好像不发生这么多的爱情悲剧，就有点对不起现代人这种不良之心，不良之行似的。古人反复讲，在男女生活上，人们要懂得"发于情，止乎礼"。如果男女间没有了"礼"，根本不讲人伦之理，仅仅只讲情欲享乐，人与禽兽何异哉。

> 人类男女间爱情，彼此所需要的，并不是什么火热的追求，拼命的享乐。反而应该是男女双方各自心态平静，双方平等相亲、相爱、相助。

第三章 直面人生，淡泊名利

34.婚姻那些事儿

①夫妻如齿轮，咬合前进

夫妻犹如一对齿轮。男女组成一个家庭后，双方的心情场，就会产生相互的影响、相互的作用，共同组成一个阴阳统一体，人生就是由各种矛盾组合的综合体。夫妻这对旋转式齿轮，在纷纭多变的人生矛盾之中，总在不断的咬合着、运动着、发展着。自己的爱人，都是应相关机缘和缘分而产生的，爱人是用来磨炼自己、成长人生的，彼此以对方作为人生修补的镜子。

当你在某些方面缺点多些时，他（她）就会有另外的优点来作为适当补充；当你在某些方面优点较为突出时，他（她）在另外一些方面的个性缺点，就会显得格外的突出。这就像是齿轮的原理，你凸出时，他就凹，你凹进时，他就凸。如果你很强的时候，爱人也特别的强，互不妥协礼让，那么，夫妻双方只会经常性闹矛盾，难有甜蜜感，弄不好你死我活地斗争一生。如果你的优点，爱人也同时具备了，就不是什么齿轮了，就会崩齿，所谓同类相克、同性相斥。最终夫妻很难过到一块去了，婚姻会出现各种激烈的矛盾冲突，分离不可避免。

如果婚前不是这样的性格，结婚后，一定会变成同你相矛盾的性格。这是夫妻之间心灵场，相互影响生成的，不以人们意志为转移。一个人和不同的异性一起生活，所表现出来的性格也会有所不同。现时代，绝大多

> 夫妻这对旋转式齿轮，在纷纭多变的人生矛盾之中，总在不断的咬合着、运动着、发展着。

数人离婚的理由，是夫妻间性格不合，这个认知确定，本身就是一个非常错误的认知误区，非常害人，害人不浅。请记住，正是因为夫妻双方性格不合，才需要大家共同生活在一起，就犹如男女性别不同，才能成就婚姻，延续子孙后代一样。

如果男女夫妻心甘情愿地相互磨合，互相妥协，懂得取长补短，求同存异的话，大家才能同舟共济，携手共进，共同获得成长空间，走入人生的圆满。如果夫妻性格基本一样，就会难以相互补充，互相滋养，双方会不断相互的冲突、相互的排斥、相互的克制、世间总是同性相斥、弊多利少。人类的夫妻生活，本身就是一本真正的人生大书，双方各以对方为秘密。夫妻之间，只有真正读懂了对方，理解慈爱对方，才能深刻地感悟生命的真谛。人们只有真正悟通了夫妻之间感情秘密，人生才能真实的明悟：天地之间一阴一阳为之道，这个最大的秘密，男女才能通过夫妻感情的相互滋养，互相涵容和感恩，顶天立地活着。请记住，夫妻这本充满阴阳变数的大书，值得所有的人，去认真研读体悟，身体力行的实践。只有读懂了这本人生大书的男女，才会是伟岸的大丈夫，贤惠的真女人。

人生凡是有一个优点的同时，必然也会相应具有一个缺点；优点的背后是缺点，缺点的背后隐藏着优点，只是凡人们不易发现而已。夫妻性格，都是配套而生的，

> 夫妻之间，只有真正读懂了对方,理解慈爱对方,才能深刻地感悟生命的真谛。

> 在夫妻生活中，对方的优点，是自己心情滋养出来的，都是夫妻双方相互浇灌的结果。

双方优缺点相互配套，共同组成矛盾的统一体。如果一个人浑身都是优点，那么其人的缺点也可能会让人忍无可忍，根本无法忍受。如果一方全是优点，另一半弄不好就会给家庭带来麻烦，只有这样才能达到相对的平衡。在夫妻生活中，对方的优点，是自己心情滋养出来的，都是夫妻双方相互浇灌的结果。对方的所作所为，自己存在着巨大的作用，优点如此，缺点也是如此。

自然力对人类从来公平。当有人总是喜欢夸耀爱人的时候，对方身上的缺点，就会急速的增长，被你夸耀和让你羞愧，本来就是一对正反式相对平衡。如果某一方觉得对方强，并为此而兴奋激动，意想不到的危险，就会迅猛的滋长。在婚姻生活中，如果夫妻双方各为对方亢奋，这是一件充满危险的事情。人生应该始终觉得没有什么了不起，一切都很平淡、很正常。经常保持这种自然的心态，才能使婚姻生活久远、甜美。对待自己的爱人，人们一定要以平常心相待，以平和心相待，这样才能真正有效把握住自己，才是对另一方负责。请注意，凡是喜爱人前夸耀自己的爱人，一般会弊多利少的，引发许多不必要的麻烦。我们的人生要设法避免这种虚荣心。只有自心清静了，自己的爱人才会真正的清静。

②夫妻间相处之道

夫妻之间，常吵架、闹矛盾，这是每个家庭都会遇到的正常人生现象。我们总是习惯用自己的心理去要求别人，总是希望对方能有所改变，以符合自我之心要求，其实，这是不明道理的男女一种人生奢望。人们任何不当的盼望，都会带来相反的人性结果。当夫妻一方生出了盼望之心、着急之心时，爱人通常就会走向相反之处，使人事与愿违。当你急切要求了对方，而对方达不到自己之所愿时，心中马上就会生出一种较劲的心理。当你正在较劲的时候，对方马上会接到你的较劲心情场了，于是乎，就像拧手巾一样，你越往这边拧，对方自然会越往反方向去拧。请记住，当你与爱人较劲时，自然力会通过你的爱人，将你所较的劲反作用回来的。这样你与爱人会更加的较劲，矛盾会日益频繁，误解会日渐加深，所反弹回来的力量，会让人更加的生气，日益的不满。假如人生真正懂得了夫妻间相处之道，内心就会充满着坦然，不再去较什么劲了，也不再试图要求对方、改变对方了。这个时候，不管自己爱人如何的较劲，许多的家庭矛盾，自会日渐消减，且不再生成。

人们的较劲，大多是一种内在的心情，并不是什么表象行式。现在有些人，内心较劲，行为并不较劲，反作用力同样也会生成。人类男女夫妻这本大书，真正读懂了的人，非常的稀少，故而，世上真正甜美幸福的夫妻罕有，寥若晨星。告诉大家，夫妻就是一个完整的自己，各以对方为参照物，对方就是自己心灵的反射镜。夫妻闹矛盾吵架，其实是自己和自己在闹矛盾，本质上是自

夫妻就是一个完整的自己，各以对方为参照物，对方就是自己心灵的反射镜。

第三章 直面人生，淡泊名利

> 所有的夫妻矛盾，都在提示人们，请注意自身的问题，请平衡自己的心灵。

己对自己不满。所有这一切，都只不过是为了心灵上的平衡。

一个人找什么样的爱人，都是由自己心缘所生的。凡是喜欢同别人较劲，具有较劲心性，就会感应招致一个较劲的爱人来平衡自己。一切因心而生，一切因心而灭。如果夫妻闹矛盾吵架，表明双方都有些问题。双方各自应该沉静下来，认真去反省自身，反思过错，修炼自己，包容对方。请记住，所有的夫妻矛盾，都在提示人们，请注意自身的问题，请平衡自己的心灵。男女在闹矛盾过程中，夫妻双方都要学会反观自我，自我纠错，清晰地看到世间自然力的平衡，多加赞美、理解、包容对方。真是这样做到的话，任何夫妻之间的矛盾，都会有效化解，家庭生活都会日益甜美幸福。

男女夫妻，表象是两个人，实际其实就是一个人。当你很强时候，对方应该很弱才对，强与弱本身就是一对平衡体。有些名人找名人，大家看看，生活甜蜜到老的究竟有多少？如果一方不彻底的软弱下来，两强相遇，互不妥协，各自争强好胜，必然会产生重大的生活矛盾、巨大的人生冲突。人类夫妻间的强与弱，就犹如齿轮的凸与凹，只有刚好咬合在一起，才能长久的运转。一阴一阳为之道，只要人生有道了，就会有美好之路，就能稳步向前发展。

当你在享受奔忙时，对方则总是不爱动；当你特别节省时，对方则总是喜欢浪费；当你特别懂得与人相处时，对方则总是不太注重礼节；当你言行敏捷时，对方则总是慢慢悠悠；当你能说会道时，对方则总是嘴笨言拙；当你特能挣钱时，对方则总是不爱钱财；当你特别的能干，对方则总是特会享受。一切的一切，都在默默无言中相对着、平衡着、对称着。好与坏，正与反，阴与阳，强与弱，总是在成双成对发生着，二元相对，彼此互存，如果不是这样的话，我们的人生麻烦就会很大了。请记住，人生的一切，是相反相成的，同类同性，相互排斥。在夫妻生活中，如果双方彼此学会了从对方身上，去看到自己的弱点，发现所存在的缺点，找到了对方所具有的优点、长处，那么，夫妻生活就会和睦美满，夫妻生活就会甜美滋润。

③如何有效化解夫妻矛盾

需要人们真正理解了自然力平衡之道，既真正看清楚了自己，也真实看明白了他人。人这一生，我们一定要学会理解爱人，理解夫妻矛盾是如何生成的。夫妻生活，犹如齿轮相合，当对方强盛时，你要学会主动地软弱下来，内心满怀欢喜去接受，不去较任何劲。这样的示弱作为，对方所具强势力量，就会没有用武之地。当对方软弱时，你可以有意识地适当强盛起来，主动去调节彼此间的平衡关系。请记住，我们的人生懂得并学会了包容和理解，这是化解夫妻矛盾的根本所在；人生懂

> 夫妻生活，犹如齿轮相合，当对方强盛时，你要学会主动地软弱下来，内心满怀欢喜去接受，不去较任何劲。

第三章 直面人生，淡泊名利

> 夫妻甜美，家庭和谐，这是人生幸福的一个非常重要的指标数。

得并学会了忍耐和谦让，这是家庭幸福的根本源泉；人生懂得并学会了随顺和付出，这是合乎夫妻自然之道的最佳方法；人生懂得并学会了坦然和安详，这是解决夫妻矛盾的重要基石；人生懂得并学会了平静和隐忍，这是克服夫妻困难的真实力量。人世间，凡是夫妻，都会存在一定的矛盾的，这是一种正常的人生现象。如果夫妻之间没有任何的矛盾，绝对属于不正常的人生现象。

如果人们能够通达化解掉夫妻的矛盾，大家和美相处，就可以构筑起人生美满幸福的大厦。凡是有什么样的丈夫，就会有什么平衡类型的妻子，反之亦成立。夫妻之间，根本没有化解不了的本质矛盾，根本不存在什么不能解决的深仇大恨。凡是发生了的夫妻矛盾，如果人不能及时有效地清除，这个场能就会存留在人类时空之中，形成持久的作用力。人们有效化解夫妻矛盾，最重要的方法，就是每个人能够自参自悟，经常反观同爱人之间的诸种矛盾，懂得充分理解了爱人的所作所为，努力去将过去残留的不良信息场，彻底地予以消除。这样做到的话，人们才能轻松地面对今天和明天的夫妻生活。

请记住，过去的心情场，一定会对今天和未来产生不良的作用。人生只有学会了用平静之心、坦然之情，去面对昨天和今天，我们的未来才会阳光四射，光芒万丈。夫妻甜美，家庭和谐，这是人生幸福的一个非常重要的指标数。对此，我们每个人都需要思之悟之，努力地调整自己，不断地改己错、补过失。人啊，在夫妻生活中，切忌不要私心自用，不讲良知，不负责任，那样一定会自毁人生前程的。

④离婚是种逃避，修心才能化解

在现实生活中，许多人为了回避夫妻之间所存在的矛盾，总是断然采取了草率离婚这种逃避方式。男女的结合，并非偶然，都是因为自己心缘而遇到了对方，对方就是自己人生的反射镜。我们的爱人，都是自己长期的心情修来的、造来的；完全是用来磨炼自己、平衡自己的；完全是为了让人生成熟、成长的。当我们不理解这些人生道理的时候，如果越是怨恨，矛盾就会越有；越是怨恨不已，人的灾难会越大。当人们下定决心，彻底回避对方，采取离婚做法之时，就等于临时主观中断了磨炼自己的机缘，采取了极不负责的人生逃避态度。正是由于没有认真清除不良的因子，人生所受的磨砺数量，远未达到饱和的标准，请记住，等待人们下一步的家庭命运和夫妻生活，依然会充满着矛盾和布满痛苦，许多甚至有过之而无不及。

大家知道，男女姻缘未"了"，实难"了"；心不"了"，哪有"了"？表面的人为中断，并不是什么真"了"。其实，只有"了"了自心，"了"了自己的历史，才能算真正的"了"啦。现如今，许多人出于各种个人的目的，主动性提出离婚，抛弃自己曾经的爱人，这种人在离婚

平平淡淡的夫妻，才会天长地久。

> 任何人生的幸福，都不是人为求来的，而是修心修来的。

之后，往往都会走上人生的下坡路，将来受磨难的程度，一定会更加的深重和曲折。有的人，尤其是些女人们，为了不牵连自己的家人，被动性选择痛苦离开，就等于自己给自己又创造了一个幸福，也给他人创造了一个幸福；有些人，虽然被对方无情抛弃了，但能坦然平静地面对这种不幸的打击，那么未来的人生，就会日益灿烂、充满阳光。否则，人生会形成恶性的循环。

请记住，任何人生的幸福，都不是人为求来的，而是修心修来的。如果人们能够当下化解矛盾，就是修心；如果人们能够理解他人，就是修心；如果人们能够包容他人，就是修心。如果我们能够一切为了他人，努力爱洒苍凉世间，这样的人生，就一定会拥有真正的幸福感，就一定会充满人生的智慧、洋溢着生命的吉祥。

⑤平平淡淡夫妻，才长长久久。

凡是好吃的东西，都是一时的、短暂的；太好吃的东西，反而会容易伤人。最好喝的饮品，大多不可能长久；最平淡的白开水，反而最为久远。绚丽至极，终将会归之于平淡。人类的情感和爱情更是如此。凡是太火热的情感，大多不可能长久；可歌可泣的爱情，大多会是一种悲剧；太好的夫妻，大多难白头。一切凡是好过了，灾难就可能会降临。大家须知，人生亢奋等于悲伤，莫名悲伤等于恶性循环，与人较劲等于与自己较劲。人世间，一切的情感，都应守中为道，只有两边都不偏废，才能让人的心情，尤其是人们的爱情，永远处在平衡之中，自然之中。

许多人总在说，夫妻相处久了，如同左手摸右手，什么感觉都没有。自以为发现了什么真理似的，百般为自己喜新厌旧心理，寻找借口和根据。如果人间夫妻相处久了，相视而坐，相拥而视，尤其是男女左右手相摸之时，还会激动不已、心跳不已，就根本可以断言不是什么夫妻，只能是一种短暂的情人关系。情人们是激动的，热火朝天的，不见不散的，情人关系是情感短暂的表现形式，短暂的情人关系不可能长久持续。夫妻之间，彼此融洽与和谐，都会有融为一体的感觉，这样才会真正的平淡、真正的长久，既没有什么亢奋心，也没有任何的执着较劲，更没有莫名的悲伤。人世间，只有真正平平淡淡的夫妻，才会天长地久。在婚姻生活中，只有夫妻双方心情，都能安静下来，才能使夫妻关系平淡相处、相依相靠。只有夫妻心态，始终处在自然、平静中，夫妻关系才可能永恒存续。

无论你有什么样的优点和缺点，自然力总会通过周围的人，或身边人，尤其自己的爱人来平衡你，以便充分表现你的性格和心性。这样的话，既可通过对方，提示出自己的优缺点，同时对自己的优缺点，也会及时予以平衡。请记住，夫妻之间，无论对方优点也好，缺点也好，其实都在体现自己的心灵和性格，都是自己的心

> 夫妻之间，无论对方优点也好，缺点也好，其实都在体现自己的心灵和性格，都是自己的心灵场招引来的。

第三章 直面人生，淡泊名利

> 一个智慧的人，自然会懂得如何看待人生现象背后的真实道理。

灵场招引来的。自己的爱人，就是自己心灵场引力形成的。人世阴差阳错的机缘，让男女们相爱结合，正好形成彼此对立的统一体，共同携手经营人生，你刚好能平衡他（她），他（她）也刚好能平衡你。人类过去的历史，尤其是人们心情历史，就是形成这种心缘的根本因素，心缘就是机缘。

⑥夫妻之间，到底谁管谁

人们每时每刻的心都是一种缘，都会残留在天地时空中。当量变到达一定程度时，就会通过别人磨砺和艰难困苦来磨炼自己，让人们能够在痛苦的折磨中，明白人生的真相。一个智慧的人，自然会懂得如何看待人生现象背后的真实道理；一个愚昧者，就会掉到眼前的各种现象中，不知其所以然，不知其作何解，就会无奈形成无穷尽的人生烦恼。你强势，对方就软弱；你亢奋，对方就让你悲伤；你曾有过较劲，对方则偏要较你的劲；你越是盼望对方，对方越是反向为之；你是越害怕的事，对方越会去做；你待对方好过了，所得到是会用伤心来平衡；你越是认为对方无能，对方越会以无能平衡你的过激；人生的一切，都是在对立中走向统一，在否定之否定中不断向前。人生一切的阴阳之间，都会形成正反相合的平衡态，这就是生活的客观现实，这就是缤纷炫目的人生。

每个人，都会有强烈要求另一方服从自己的欲望。

凡是喜欢要求别人，这是一种非常不好的人生欲望，通常会产生较劲的心理，也会生发出诸多盼望心。人世间，一切应是自然平衡之道。盼什么不来什么；怕什么来什么；越较劲越相反；越有欲望，越被欲望所伤。如果人们真正明白了这些基本的人生道理，就会日益清楚地晓知：爱人就是用来磨炼自己的，爱人是用来培养我们的爱心的。自己的爱人，会形成同自己欲望相反的人性结果，实际是再正常不过的人生现象。

夫妻生活中，人们若想化解婚姻中各种的冲突和矛盾，只能用自己的心力，根本不能用外力。人越是想管住自己爱人时，所用的越是相反心力，同时也借用了外力。大家知道，有作用力，必会有反作用力。与其不自量力的去管爱人，倒不如充分去包容和理解自己的爱人，请先把自己的心给放下来好了，请先管住管好自己的心，请先参悟好自己的人生过错。请大家千万不要把夫妻矛盾的原因，胡乱归咎于自己的爱人，那样的话，你就什么都解不开、管不了。夫妻到底谁能管谁呢？凡是想管住自己爱人本身，就是一个非常严重的人生错误。爱人是用来爱的，请问你懂得爱了吗？

人类夫妻之间，对方所有的毛病，都是为自己而得的，同时也是平衡自己爱人本身的。每个人的人生任务，都是为找到自己所存在的各种人生问题。只有先找到了自己所具有的各种毛病，才能用平静心，坦然去改正毛

凡是想管住自己爱人本身，就是一个非常严重的人生错误。爱人是用来爱的，请问你懂得爱了吗？

> 当我们接受了一个人的不好,同时也自然会接受一个人的好。

病,纠正错误。至于自己爱人的坏毛病,尚在其次,并非当务之急。否则,我们的人生就会陷入你有你的道,他有他的理之怪圈中,最终导致任何问题都无法有效被解决。

每个人毛病,都是相对的好与坏,有些所谓的毛病不见得就是不好。请谨记,自己爱人存在坏毛病的同时,必定也配置了优点在闪光着。人生的毛病,都不是孤立存在的。人世间,每个人都是优缺点相辅相成的统一体。这个世界上,根本就没有十全十美的人,既没有绝对的好人,也没有绝对的坏人。当我们接受了一个人的不好,同时也自然会接受一个人的好。如果我们总是痴心妄想地让爱人好的这面存留下来,根本就不接受自己爱人的缺点,根本就不包容和理解爱人的毛病,就等于拒绝了自己爱人所有的优点。如果自己的爱人优缺点同时消失了,你认为哪头会更加重要?

人的一生,有效化解各种矛盾的前提,就是要我们先理解而后才能有效化解。如果不理解的话,人生就不能真正化解夫妻矛盾冲突。如果人们对待自己爱人的缺点,存在着过激的生气或者怨恨,那么夫妻之间的矛盾纠结,就会随着自心越系越紧了,很不容易打开的。在夫妻相处时,我们要先找到自己的过分、过激、偏执之处,然后,再去坦然面对自己爱人所存在问题。只有这样做的话,才能正确解决夫妻双方存在的各种矛盾冲突。只

> 根本就不包容和理解爱人的毛病,就等于拒绝了自己爱人所有的优点。

有这样处理的话，自己爱人才可能会改掉其所谓的毛病，身心发生明显的变化。如果我们的自心总是紧紧地绷着，自己爱人就会产生相反的动能，即便想要有所改变，自己爱人也会不由自主改不了。如果人生懂得放松下来，不去苛求、苛责他人，只是努力不断忏悔自己的过错，那么，爱人们就会失去反作用动力了，自己爱人所存在的各种毛病，就会大大减少了。不信？试一试。

⑦**夫妻间的太极**

你变，世界都会变。你变了，同自己关系越紧密的人，变化的程度会越大。在这里，中国的太极道理，就充分说明了这个问题。《易经》告诉我们，太极的力量来源于顺。中国的太极拳，就是顺着力去走的，总是让自心在自然中顺走，在随顺中不断地变化着。一切的人生外力，在一个随顺者面前，皆会显得苍白无力，夫妻双方亦是如此。如果人想强硬地改变自己的爱人，总是不断去较劲，其反作用力，就会越来越强大。假如你的全部力量，都能顺着自己爱人的心力而行，那么，你的爱人无论如何，都难以产生反作用力了，自古柔弱胜刚强。

人生只有心里顺畅了，才会心中安静不躁。如果我们的内心，没有任何的想法，不胡乱生什么担心、较劲、激动、怨恨等心情，那么内心就会通泰、安宁、自在了。在这里，随顺人是指人之心，而不是什么外在的表现形式。人生只有顺了才能合，合了才能自然，自然心是最

> 《易经》告诉我们，太极的力量来源于顺。中国的太极拳，就是顺着力去走的，总是让自心在自然中顺走，在随顺中不断地变化着。

好的心。如果我们真正改变了自己,自己爱人没有道理不随之而改变,爱人一定会因你而变的。你变好,对方变好;你变坏,对方也变坏,一切因你而变。

⑧如何处理婚外情

人世间,任何人、事、物的平衡,都是多方向的立体平衡,并不是单一的简单平衡。人生一切事情发生,都有其背后必然之理。如果人们能够找到自己人生平衡点越多,就表明自身的悟性越好。如果我们找不到人生平衡的道理,就必然会处在恶性的互动里,会处在恶性循环中。自己的爱人在外面找情人,自然会有对方的错觉,表明其受到了多向力量场所驱使,同时也表明受到了自己欲望的盲目驱使。一个人找情人的本身,一定会消耗自己的人生福报,在个人欲望得到满足的背后,一定会给自己的未来留下恶因。人生的得与失,本来就是相待的、对等的,现在得多了,将来会少了。人生谁都有一定的权力,去置换自己未来的福报,如果置换越多,将来所剩会越少。凡是拼命及时行乐者,晚年通常充满着人生的悲伤和凄凉。凡是喜欢外面找情人,慰藉自己空虚心灵的人,人生的命运,最终难免会走上悲哀凉苦的征途。

自己爱人在外面找情人了,从自我这个方面进行反观,我们会发现曾经犯有过失的,这个道理表现何在呢?

如果我们曾经对别人的男女关系,看不惯而议论纷

> 如果人们能够找到自己人生平衡点越多,就表明自身的悟性越好。

纷，就会累积一个恶因；如果我们对爱人好过了，超出了平等的夫妻关系，唯恐爱人不好、不舒服、不高兴，就会使爱人能量产生莫名其妙的外泄；如果双方好过头了，并为此特别的自豪和亢奋，就自会有令自己抬不起头的事情来平衡了；如果夫妻闹矛盾时，总是爱说极端绝话，不要以为说完了就完了，绝话会受到平衡的，最终让你自食其果；如果总是喜欢怀疑自己爱人，怀疑来怀疑去，就会让你所疑之事突然的发生，以此平衡自己的怀疑心；如果不喜欢自己的爱人，总对外人说爱人的无知、无能等缺点，自己爱人就会莫名变成别人的配偶；如果总是讨厌夫妻性生活，长此以往，这种力量就会驱使自己爱人向外去发泄性能量；如果老是后悔自己的婚姻，或者总是怀念婚前与他人的热烈情感，自然力就会安排自己爱人到外面去找情人；如果曾经过分地夸耀自己爱人，并为此特别自豪过，就会埋下让自己抬不起头的平衡力量了；如果总是同自己爱人较劲，说明自己不接受对方了，自己的爱人自然就会选择离开；如果总是有爱他人之心，自然力也会安排爱人生起爱他人之心，以便有效平衡你的不良心态。

总而言之，一切的因，都会有相应的果，都是人生因果平衡关系。如果我们人生明白了这些道理，请大家仔细去查询自己的内心史，自然就会日益地坚信，一切是合理的、必然的，都是自然力的平衡。请记住，人生

> 一切的因，都会有相应的果，都是人生因果平衡关系。

如果多忏悔自己的过去，就可以改变自己今天的状况；人生凡是能平静面对一切，就会迎来明天的美好。人世间，一切的事情，本来就无所谓好与坏、对与错、是与非，全在人们内心如何的认知，如何面对的，人生心态如何？要知道，我们自己就是自己人生的引路人。一切的人生灾难和幸福，皆是我们自己心中生出来的。请大家千万学会安住好自心，让自心安详，活在当下。

⑨爱的付出不要量化

我们的人体，就是一台计算机。人体有着自己的心灵程序、语言程序、行为程序，三者的核心因素，是人们的心灵程序。我们的心，永远是人生的主宰，人心是世间存在的根本原因。当人们用盼望之心，去期待自己爱人的时候，本身就是一种程序的启动，盼字的右边，是分离的"分"。如果长期对自己爱人好过了头时，对方和自己都会同时认同这种的程序，并使之固化下来了，这样一来，爱人就不会再生什么对你好的心情和想法了。如果什么力量都用尽了，什么想法都让你想完了，好处都让你用绝了，自己爱人回报给自己的，就只能是不好了，甚至只能离开你了。

凡是世间的人、事、物，我们应该用平淡心去对待。如果好过了，就不再平常了，也不正常了，过的本身就是错。如果人们真正认识了这些人生平衡道理，努力有效地把自己心力给降低下来，学会对自己好一些，能够

> 我们的人体，就是一台计算机。人体有着自己的心灵程序、语言程序、行为程序，三者的核心因素，是人们的心灵程序。

坦然去面对人生的不好，那么人生之美好，自然就会逐渐到来了。如果我们的人生，一旦去除了怨恨心，寻找到了自己的过错，就会马上改变自己的未来，改变自己的命运，使自身走向幸福美好的未来。人这一生，人们永远所需要改变的，只是我们自己而已。请大家努力向上向善，学会赞美、包容、理解一切。

⑩把家务活变成一种享受

人这一生，永远干不完就是活，活是越干越多啦。凡是越爱干活的人，越会是能干；越为干活心不平静的，越会变成干活的命。在生活中，许多人尤其是女人，经常会发牢骚："我就是一个干活的命。"要知道，自己所制订的程序，往往会特别的灵验。任何的牢骚，都不是白发的，牢骚会越发越灵。请记住，我们干活的本身，就是一种人生练习。如果我们心存坦然、心态平衡，那么不仅所干的活会顺利，而且越干活会越少。如果人们心不平静，干活时总是怨天尤人，活只能越干越多了。在家庭中，如果你把别人的活都干完了，别人干时你又怎么都看不惯，那么众多的家务活，就会自动找上你。如果你再不明白人生的道理，总为自己能干活而自豪亢奋的话，那么各种的活儿，就会更加的众多、更加猛烈地扑向你。

世上的一切，都是为了对人们心灵的平衡。我们的人生，一定要学会收拾好自己的心情，学会看得惯别人

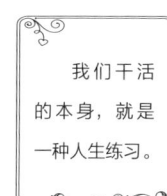

我们干活的本身，就是一种人生练习。

> 我们的人生，一定要学会收拾好自己的心情，学会看得惯别人所干的任何活儿，不断进行反向练习自心。

所干的任何活儿，不断进行反向练习自心。真是这样做到的话，自己所干的活，自然会越来越少的。人的一生，其实就是为了要结缘、了缘。活也是缘，大家请平静面对就是了，坦然去干就是了。如果爱人或别人干了活，自己百般挑别，看不顺眼，心不甘情不愿的，就会又结新的缘，人何苦来着？人生干活，请大家甘愿做，欢喜受罢。人生的一切，都是我们生命的礼物，请务必珍视、珍贵、珍惜生命的礼物，让它们滋养我们的人生。

⑪ 婚姻中的爱情

爱情，这是人生永恒的主题。人们的爱情，最易让人生产生各种不平静的心情。人间的爱情，都有其随缘性，随缘的爱情就是自然的，不随缘的爱情就会不自然。在爱情上的随缘，就是指自心在恋爱之初，就是自然而然状态，个人的情感是不自觉引发出来的，是在平静中来临的。男女的姻缘，可以通过很多的方式去结交，同事介绍、朋友相遇、他乡偶逢等，都是联结彼此的神秘纽带。男女的爱情，世人所突出的是欢爱，许多人喜欢灼热地追求爱，很少有人会知道，爱情的热度过高了，人生的麻烦和烦恼之事，就会日益繁杂多了。男女间的爱情，倘若真想天长地久，就一定要学会细水长流。人生只有把握住了自己情感的能量，懂得慢慢去受用，才能真正地久天长。

男女爱情，必须讲究中庸之道。既不能过于的亢奋，也不可盲目的悲伤；既不能过分地热爱，也不可胡乱地别扭。如果始终保持平和、平静之心，就是最好的。请记住，情感平静、心态平和才是中道，才能细水长流。爱情的平静、情感的平和，就是男女彼此默默相合相融，和睦共处。爱情平静、情感平和的背后，必然会充溢着赞美、给予、宽容、忍耐、理解。只有充分的赞美、给予、宽容、忍耐、理解了，相爱的双方，才能真正的坦然，真正的和美。只有双方心情坦然了，男女才会真正的和谐；只有人心真正和谐了，人的爱情才能温馨久远。如果因为一时的快感，就拼命去追求浪漫的感情，这样的情爱，就根本难以长久了，为了名、为了利，就更难获得爱情之幸福了。如果男女只是为了欲望而结合，注定会为自己欲望所伤害。

人的一生，凡是过于追求学历、地位、相貌、金钱，这些外在的东西，都是一种强烈的人生欲望。凡是过度的欲望本身，都会带来反向的平衡，给人伤害，让人生自食其果。请记住，不刻意追求的，你可能会拥有；越是看的重，越是想追求的，你可能越会没有；如果婚前追求到了，婚后可能就会没有了。自然力，永远都在不断平衡人的欲望，尤其是男女的强烈欲望。凡是不正当的男女情感，常会伴随不幸的人生灾祸降临，让人们蒙羞，令人自毁美好的前程。

婚姻本是一个缘。面对婚姻，许多人有着各种的担

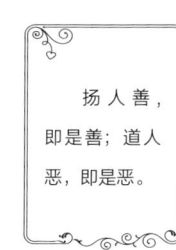

扬人善，即是善；道人恶，即是恶。

> 爱情，从自然中来，到自然中去，凡是自然而然，总是最合适的、最合理的。

心和害怕心理，如果这样的话，男女爱情很难地久天长。爱情，从自然中来，到自然中去，凡是自然而然，总是最合适的、最合理的。如果人们整天在担心和害怕中度日，即使拥有了多么美好的东西，再怎么令人羡慕的情爱，也是不会让人生幸福起来的。人们越是担心、害怕，担心、害怕这个无形魔鬼，越会扑面而来。请记住，凡是魔鬼都喜欢担心、害怕类型的人，它们专门寻找担心、害怕的人，就如同黄鼠狼迷人，疯狗咬人的道理一样。越是担心、害怕，就会越招惹，人生的担心、害怕，最招魔缘。如果人们明白了男女相处之道，内心总是能够坦然面对夫妻的生活，平静相待自己的爱情，这样爱情、婚姻自会细水慢流、地久天长。

人生爱情一定要懂得有度，适度才是最好。任何过度都会产生问题。请记住，人的宽容和理解，可以化解一切男女之间的矛盾，任何的偏执和较劲，只能激化夫妻之间的冲突。凡是热爱多了，都会导致双方受到不必要的伤害。男女夫妻，就像站在杠杆的两边一样，他高的时候，你就应低一点；他低的时候，你就该高一点。他进的时候，你就要退一点；他退的时候，你就该进一点。太热的时候，你就需冷一点；太冷的时候，你就要热一点。如果人们能够随时主动维持家庭的平衡，主动保持双方的平衡关系，一切就会自然起来，一切就会长远。

⑫夫妻是一种修炼

夫妻，本是我们人生平衡的一种需要，因多方机缘而生，因多年之缘而遇。如果说，你遇到了自己的爱人组成了一个家庭，倒不如说，你是和自己从前的心灵相结合了。你的心和另外一个你的心有机相结合了，你和自己过去的心力相结合了，组成了矛盾的一对儿，形成了作用力与反作用力的统一体。任何的婚姻，都是为了去有效了结自己以前的因缘。也许有人说，是你自己选择了你自己的爱人，说到底其实是你的心，选择了一个与你相吻合的另外一个心。如果在结婚前，双方还没有达到完全吻合的话，那么通过结婚后的家庭生活，就会逐渐形成完全吻合的矛盾统一体了。请记住，自己爱人的好与不好、优点和缺点，都是自心的一种外化，都是自身过去心灵所造就的结果。如果人明白了夫妻之道，就能从爱人的优点之中，看到和找到自身所存在的毛病。如果人们真能看到和找到自己的毛病，并努力改正之，我们的人生，就会充分发现自然力公平性与合理性。

如果人能够改变自己的过去和今天，就能改变自己的爱人了。爱人如果变好了，本身就是自己心力的一个良好作品；自己爱人如果变坏了，也是自己心力的一个坏作品。任何一个人，只有权力去改变自己，没有权力去改变爱人；只有权力去坦然面对一切，没有权力去埋怨所遭遇到的各种不幸。请记住，我们的爱人是自己的

> 自己爱人的好与不好、优点和缺点，都是自心的一种外化，都是自身过去心灵所造就的结果。

> 任何一个人，只有权力去改变自己，没有权力去改变爱人；只有权力去坦然面对一切，没有权力去埋怨所遭遇到的各种不幸。

> 所有的人生疾病,所有的生命磨难,都是在提醒和提示我们:自己有错误,自己有缺点,自己需要立即改正。

老师,是我们人生一面鲜亮的镜子。我们的爱人是自然力,用来磨炼我们的生命,成就人生的一个重要磨砺石。用我们自心的作品,转过来磨炼和反映自己,或许有人会认为这不是很公平,但是,如果人们不坦然去面对的话,随意、随便就盲目更换一位人生老师的话,那么,自然力的平衡,就会一次比一次更加的严厉,人生的惩罚,就会一个比一个更加的严重。人生谨记:所有的人生疾病,所有的生命磨难,都是在提醒和提示我们:自己有错误,自己有缺点,需要立即改正。

人们常说,"好事,不能让你一个人占全了。"人生会有优点,就一定会有缺点。自己的爱人也是一样,有优点也有缺点,只有这样,才能形成相互平衡的对立统一体。如果你的爱人,特别能干家务活,你就不要再去奢求对方在事业上,会有所成就了;如果你的爱人,特别像一个男子汉,你就不要再去奢求他在处理事情时,总会特别的细致、小心;如果你的爱人,特别的单纯直率,你就不要再去奢求对方,处世为人会非常圆融通达;如果你的爱人,办事特别有效率,你就要努力接受对方的急躁;如果你的爱人,特别会省钱,你就不要再去奢求对方能当上大老板;如果你的爱人,特别的心宽,你就不要再去奢求对方,你喜欢的事情,对方也会喜欢;如果你的爱人,特别的善良,你就不要再去奢求对方,对于夫妻情感会太儿女情长了;如果你的爱人,特别的勇敢，你就要适当接受对方的胆大妄为；如果你是一个心细的人，你就要接受爱人的心粗；如果你特别的能干，你就要接受爱人的懒惰；如果你是一个急性子，你就要接受爱人的散漫；如果你特别的节省，你就要接受爱人的浪费；如果你特别的要强，你就要接受爱人的不求上进；如果你特别爱面子，你就要接受爱人不给你面子；如果你待对方特别的好，你就要接受爱人不在乎你；如果你特别喜欢某件事，你就要接受爱人不感兴趣；如果你自己都有毛病，你自然也要接受爱人会有毛病。

所有的这一切，都在充分的表明：夫妻，完全是一个矛盾的共同体。你中有他，他中有你，他本来就体现着你，你本身也体现着他。请记住，在我们人生大门的外面，没有任何别人，一切是你自己。请问你知道这个人生要点吗？

> 夫妻，完全是一个矛盾的共同体。你中有他，她中有你，他本来就体现着你，你本身也体现着他。

35. 家和万事兴

老百姓有句话叫作"家和万事兴。"大家想想，当夫妻总不和睦，家庭矛盾重重，总是战火纷飞似的，请问你的工作和事业还能顺利吗？当我们夫妻和美，个人事业一帆风顺之时，你的家庭氛围又是怎样的一种景象呢？

国和民兴；家和人旺；人和事顺；心和吉祥。人以和为贵；家以和为美；国以和为盛；心以和为安。当人

> 国和民兴；家和人旺；人和事顺；心和吉祥。人以和为贵；家以和为美；国以和为盛；心以和为安。

> 好心情是个人和家庭第一风水,是家庭良性能源库,也是我们家人和自己好运的根源所在。

生夫妻和睦、家庭和谐的时候,全家人的能量场自然就会合乎自然力。凡是夫妻之间恩爱、家人和睦之家庭,等于整个家人心灵场,都产生了一种良性的互动,彼此作用于每一个家人,让祥瑞之光降临,让和美之情永聚。人生的好心情,这是个人和家庭第一风水,是家庭良性能源库,也是我们家人和自己好运的根源所在。

如果我们连家人都不和谐,尤其是夫妻之间不和睦,那么自心就很难顺畅、安宁了。这样就会影响家庭各人的身心健康,也会影响到各人的事业前程。如果夫妻不合的话,整个家庭就会不和谐,真是这样的话,人们做任何的事情,都要特别当心了。如果夫妻心灵场都乱了,人生的事业是不可能会顺利的。人这一生,请每个人千万要学会自珍、自重、自爱;请每个人千万要学会珍爱配偶、珍惜家人;请每个人千万要学会感恩姻缘、感恩一切。

36. 百善孝为先

每个人都会生长在不同的家庭环境之中,因为每个人的先天残留信息不同。人在出生以后,磨难不一样,命运不一样,先天之心,起到了一定的决定作用。与此同时,我们后天的心态,也在随时随地发生相当大的影响。人生之命运,由心性和性格所组成。人的心改变了,自己的人生才可能改变。我们对于每件事情的心情和心态,就是在把握自己人生命运变化的方向。人这一生,谁都会经历很多的苦难,只有这样才能真正成大人,成就为大写的人。人生的苦难,有的人会先受,有的人会后受;能够先受苦难的本身,就是造就了一次人生的良机;人生越是坦然面对苦难,今后人的苦难会越少,人生福报会越大。

父母,这是上苍给予我们人生一位非常难得的好老师。通过父母之手来磨砺孩子,这是自然力对于个人人生最大的恩赐。因为父母的磨砺总是容易让人接受,通常父母磨砺越重的孩子,前途会越大,人生事业和生活会越顺。凡是被父母疼爱,百般呵护的孩子,反而人生前程会多有不顺。在这里,问题的关键在于,人们到底应该如何面对自己的父母,对于自己人生的种种严厉考验?无论是父母的对与错,无论是父母如何打骂、处罚、怨气,如果你越是能够坦然理解自己的父母,你的人生前程就会越大;你越是不能平和去接受父母的考验,今后你的人生磨难会越多越重。当然,你可以千方百计去躲避,但是,人生的磨难会越躲越多,因为属于你的人生苦难还没有受完,你还要继续承受下去;因为你承受人生苦难时,自己心里并没有真正明白其中的道理,产生了非常不理解之心,这样你就会白受了,今后的人生苦难还会更多更大。

请记住,父母给予孩子苦受的时候,等于自然力通

> 人生之命运,由心性和性格所组成。人的心改变了,自己的人生才可能改变。

过父母的手,来给予孩子的未来以人生福报。作为晚辈的孩子,如果拒不接受,人生福报就会大面积消失。我们每个人都要诚挚感谢自己的父母;真情感恩父母所给予自己的人生磨砺;倍加珍惜父母给予自己的未来,所创造出的众多福报机会。不管父母的对与错,作为孩子之辈,我们都要微笑去迎接,欢喜去接受,永远去理解,这样才能从中获得巨大人生受益。

> 不管父母的对与错,作为孩子之辈,我们都要微笑去迎接,欢喜去接受,永远去理解,这样才能从中获得巨大人生受益。

越是有孝心的孩子,往往越会得不到自己父母的关怀。凡是有孝心的孩子,小时候,父母会经常怨你、骂你、打你,对你极度的不满意,甚至有时给予雪上加霜式打击。这个时候,如果只用世间表象之理去解释的话,根本就会解释不通。但是,如果懂了人生平衡之理,就能够给予合理的解释了,完全会明白。在过去,越是管教严格的家庭,孩子们越是孝敬自己的父母;越是孝敬父母的孩子,人生的命运越会一路顺风。请记住,当孩子对父母特别好时,自然力安排父母所给予孩子的考验会特别多,其目的就在于,自然力为今后好给这些孝子们更多更大的人生福报。

现实生活中,我们可以发现,许多并不懂事的孩子,父母反而对他们特别好;越是对自己父母好,父母反而会对你不够好。但是,如果我们懂得从历史平衡去看,通常得到了父母偏爱的孩子,很少有人生命运程比较好的。我们发现,在一个家庭中,大凡有前途的孩子,往往会是父母最不得意的孩子。父母最得意的孩子，长大之后，人生前程反而大多不太顺利。另一个方面，大凡受到父母宠爱的孩子，往往不如不受宠爱的孩子孝敬自己的父母。如果我们真懂了这些人生平衡道理，自然就会心平气和、心安理得了。原来，早年受苦多，等于给自己未来带来了人生福报，小时受宠爱，可能会把自己未来的福报消耗掉。请记住，只有从人生现象的反面，才能够真正悟到许多的真理。从表象背后所反映出来的东西，才会是人生真道理。人的一生，根本没有白受的苦，也没有白受的宠，一切都在不断平衡之中。一时之好，可以换来长久之不好；一时不好，可以换来长远之好，哪个更划算？

> 人的一生，根本没有白受的苦，也没有白受的宠，一切都在不断平衡之中。

中文"孝顺"，两个字往往会写在一起，意思所指是，凡"孝"者，人生就会"顺"。只有行孝的人，自己的未来才会真正顺利。为此，中国古人专门留了一部《孝经》，来指导后人如何行孝，并绘制了"二十四孝子图"，来昭示后人行孝的丰富内涵。如果人生明白孝之内容了，就会顺了自然；顺了情理；顺了天意的。人世间，作为晚辈，孩子应该允许父母有千般的过错。但是，父母的错误，绝不该在我们身上继续延续下去。孝敬父母，这是人类天经地义的大道理。当人在孝敬父母时，就在为自己赢得自己的未来；当有人不孝敬自己父母时，就是非常失德了，古人讲"百善孝为先"。凡是一个不孝的人，

> 中文"孝顺"，两个字往往会写在一起，意思所指是，凡"孝"者，人生就会"顺"。

第三章 直面人生，淡泊名利 | 197

> 凡是人生懂得孝敬自己父母的人，最终自然都会全部返还给你自己，并会伴随着高倍的利息。

谁敢交？谁都怕啊。天底下最报不了的人生恩典，就是我们父母的生养之恩了。天下哪个父母对自己的孩子没有生养之恩？人如果不报自己的生养之恩，不懂孝顺自己的父母，这还是人吗？人生之路不坎坷和悲惨才怪了。请记住，人都会有自己的孩子，你怎么对待自己的父母，你的孩子将来就会怎样对待你。你今天的所作所为，就是你自己将来的"真实待遇"。请记住，凡是人生懂得孝敬自己父母的人，最终自然都会全部返还给你自己，并会伴随着高倍的利息。

若是一个人不孝的话，就是大大的逆天了。一个不孝之人，就等于在让自己的孩子，今后也是违逆自己的逆子了。凡是悖逆就等于违逆了自然。人违逆了自然之理，哪里会有人生顺利可言呢？人生凡是遇到不孝之人，千万不可交、千万不能交。一个连自己父母都不孝的人，哪里会讲什么真正的人生情义？哪里会对别人真正的关怀和爱护？哪里会是一个人生真朋好友？请记住，凡是懂得孝顺父母的人，就是懂得孝敬自己。在这里，我们恭请那些不孝之人，赶快三思后行；恭请那些不孝之人，赶快回头是岸。中国传统文化之根在于孝道，倘若没根了，人生必萎。我们恳请人生多行孝道，行孝是人生的大根大本；行孝是人生塑德立品之基石；行孝是人生道德之来由；行孝是对生命之源的感恩和礼赞。

在现代社会上，自诩为孝子的人很多，呈鱼龙混杂之象。许多所谓的孝子，往往把给予父母金钱，给予公婆金钱的行为，称之为"孝"。其实，"孝"是一个非常广泛的概念。对自己父母行孝，对他人父母不敬，这种人不是什么孝子；光给父母金钱和必要的照顾，却常同父母生气，不理解自己父母心的人，不可称之为孝子；内心总同父母较劲，看不上自己的父母，表面却装得孝顺的人，更不是什么孝子。真正的大孝，是指在心灵上努力点化自己父母，让自己的父母能够真正明白人生的真相。其次的孝，则是指，能够充分的理解、包容自己的父母，除掉了个人的气、怨、不理解之心。最后的孝，才是一般人所说的必要物质供养和照料。在这里，我们并不是说父母的所有意愿，都必须全部无条件地服从，而是讲人的内在心理才是孝道的根本因素。凡是心理上不较劲，心理平静对待父母的一切，就是一个孝子。凡是受不了父母的好，拒绝父母的帮助，父母之心，也是一种不孝。

"孝"的含义，更重要的内涵是"顺"，叫作孝顺。无论父母的好与不好，人都应该尽量顺从，才称之为孝。有的家庭，父母受不了孩子的好，孩子受不了父母的好，大家像是得了好心病似的。凡是所谓的好心病，伤人都会相当的重。一个人若是得了好心病，非常不容易被认识、被更改。好心人，得了好心病，非常不好治。从医学角度看，凡是亢奋受不了好的人，这种人大多心脏会

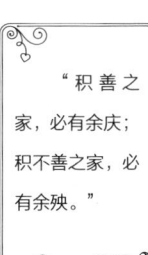

"积善之家，必有余庆；积不善之家，必有余殃。"

> "百善孝为先。"人都应该学会做一个真正的孝子，行孝于天下，为众人做榜样，孝感天地。

不好。人的一生，有时接受了他人好，等于为自己人生胸襟扩容了。人生的容量越大，生活事业才会越顺。如果内心不接受别人的好，请问如何能度他？你不受好，他不平静；你不接受他的好，他的能量无法外泄；你不接受他的好，他无法转化成为自己的功德；你不接受他的好，他的人生福报就会少了。人的一生，真正的孝心，并不单纯指理解父母不好这一面，同时也要接受父母一切赠与，无论是好是坏，全部接受就很好了。反之，为人父母，也应该如此做。

父母代表了生养自己的至亲。人不仅要孝顺父母、孝顺公婆，还要努力去孝敬老师、孝敬领导、孝敬国家、孝敬民族、孝敬社会、孝敬家园。在社会上，有这样一种人，在家里绝对是个孝子，但在外面，却怎么都看不上自己的国家，在单位总是喜欢顶撞领导，上学时专门气恼老师，对待公婆也远不如对待自己父母那样的孝顺，这种所谓的孝子，其实是一种非常狭隘的孝子，人生根本成不了什么大器，仍会有许多灾难和不顺在等着他们。人生孝顺的胸怀有多宽多广，人生的道路才会有多宽多广。"百善孝为先。"人都应该学会做一个真正的孝子，行孝于天下，为众人做榜样，孝感天地。

37. 教育子女

自己的孩子事业总是不顺，与孩子过去总是太顺利有关。孩子小时候太顺了,未来就会有所不顺了;小的时候太享福了,等于享了未来的福报,将来所剩就会少多了;小的时候在学校太顺了,孩子和父母都很亢奋,人的悲伤才会来平衡,不顺才会发生;小的时候不听父母的话,总同自己父母较劲,这会严重影响孩子未来的顺利。家庭,这是我们人生第一个单位,谁要是违逆了父母,谁就等于违逆了天。同样的道理,父母的心情,对于孩子的事业,也会产生相当的影响。父母事业顺利时,曾经的亢奋,对于孩子的未来也会产生较大的反作用力。任何一个家族和家庭,都是一个综合平衡体,不可能没有缺憾,不可能总是风生水起。

每个孩子,都是夫妻爱情的结晶。双方的心情,都会不断影响和作用于自己的孩子。父母的所作所为,对于孩子的成长,自古至今都起着至关重要的作用。《周易大传》上说:"积善之家,必有余庆,积不善之家,必有余殃。"人生中,作为父母,努力积福给孩子,用身教为孩子做榜样,用行善教育孩子,就是对自己孩子最大的关爱、最大的关怀。古语说得好:"留千金给自己孩辈,孩子未必能守住;留万卷书给自己孩辈,孩子未必会读;不断积阴德于冥冥之中,乃千古长青之大计也。"请问,作为父母,我们经常在为孩子积德行善吗?这是父母留给自己的孩子,最大的人生礼物。

在现实生活中,父母们对待孩子,谁的情感越重,

"留千金给自己孩辈,孩子未必能守住;留万卷书给自己孩辈,孩子未必会读;不断积阴德于冥冥之中,乃千古长青之大计也。"

> 父母不和，经常吵闹，对于孩子的坏影响至为深刻、深远。

对于孩子的负面影响就会越大；越是父母担心的孩子，身体会越来越差；越是父母亲溺爱的孩子，越会有诸多的不顺。当我们父母心灵出现了较大矛盾，总在较劲之时，这种矛盾的场能，就会作用在自己的孩子身上，并对孩子的未来成长产生扭曲式影响。父母之间的矛盾越大，对于孩子的扭曲程度就会越重。请记住，父母不和，经常吵闹，对于孩子的坏影响至为深刻、深远。尤其父母的离婚，对于孩子的一生，可能会产生毁坏性的伤害，让孩子一生在扭曲中成长、苦难式发展，内心深处的伤痕，常会相伴孩子的一生。大家须知，父母的离婚，现在就像一种可怕的遗传病似的，将来会使自己的孩子家庭，也可能走上夫妻分离的道路。凡是父母离婚的家庭，将来儿女大多也可能会选择离婚，孩子未来的婚姻生活通常会充满不幸的坎坷，人生难得有美满的情感生活。请记住，大凡在父母不和睦家庭中成长的孩子，未来人生的磨难会比较多，个人的身体也会比较差，事业、生活、爱情往往会不太顺利。

夫妻不和，父母造孽，完全像是一笔不良的遗产，贻害着自己的子孙后代。它们会让自己孩子人生布满着阴影，充满着缺憾与苦痛。孩子体现着父母的心情，体现着父母的未来。我们为人父母的整个生命心情和心态历程，一定会凝结在自己孩子的人生命运曲线中。凡是父母关系扭曲的，一定会给自己孩子人生道路造成扭曲。

病由心灭

因此，作为父母，如果我们真想让孩子人生顺利，自己未来岁月顺利，请务必牢牢谨记，夫妻一定要和睦，一定要和美。只有父母和合了，孩子们才能在平衡的、自然的心态环境中健康地成长，否则，只能是在扭曲中成长和发展了。孩子的问题，反映了父母的问题，都是父母造成的。现如今，有多少父母认真思考过这个问题？仔细反思过自身的错误？孩子是父母的影子，孩子的过错，折射了做父母的问题。作为父母，我们必须学会谨言慎行，身教自己的孩辈。作为父母，我们的一言一行都在影响着孩子。父母千万要常思己过，真正能够担负起大人的人生责任来，为孩子作人生好榜样，让孩子为自己的父母时常感到自豪和骄傲。作为父母，如果自身不能以身作则，作孩子人生好榜样。请问，你们有什么资格去教训孩子、教育孩子、为人父母？要知道，天下的父母，就是要为孩子作人生好榜样的。父母只有身教，才能让言传起到真正的作用。如果孩子都认为自己父母有诸多的问题，父母总做让自己孩子伤心的、看不起的事，作为孩子的父母，我们不是要感到脸红心愧吗？

请问，天下的父母，你们是否是自己孩子人生的好榜样？你们是否在以身作则、身教儿辈？你们要求孩子做到的事情，你们自己先做到了吗？天下父母，是孩子人生第一个老师，也是最为重要的人生老师，请问多少父母是真正合格的？请大家记住，家教就是身教，而不

> 要知道，天下的父母，就是要为孩子作人生好榜样的。父母只有身教，才能让言传起到真正的作用。

> 天下父母，是孩子人生第一个老师，也是最为重要的人生老师。

是言说。父母的所作所为，就是一本活生生的教科书。请问天下做父母的，你们这本人生教科书，是否具备真实的价值，充满了美好的人生内容，值得孩子们认真去拜读，能够充分吸收到宝贵的人生营养？人养孩子容易，教导孩子艰辛，所谓生易教难，不教不成才。家庭的教育，就是父母以身作则，身教孩辈，作孩子的人生好榜样。父母只有不断的身教力行，以身示范，才能使自己的孩子长大成仁，充满温良恭俭让之美德，做文质彬彬的谦谦君子，爱洒世间，留香人间。

人的一生，摆在我们每一个人面前，都有两杯水。一杯是甜水，一杯是苦水，先甜，将来会苦；先苦，以后会甜。它们等量地放在每一个人面前，请问，你是先喝哪一杯呢？许多的父母，都情不自禁让自己的孩子猛喝甜水了，告诉你，未来等待你孩子的，可能只有那杯苦水了。自己孩子在人生事业不顺的时候，如果能平静地面对自己人生遭遇，并以苦为乐，人生事业的顺利，就会择时而来，自然力不会辜负善良的有心人、有缘人。人的一生，只有固定的那么多些不顺，先受先了。先不顺，这是一件人生好事；先不顺，这是锻炼人生的好机会，先不顺，这是人生未来顺利的考试题。人们倘若希望人生一帆风顺，请先平静地走完那些不顺的人生道路。如果面对人生的不顺，人越是坦然，未来才会越顺。面对人生的不顺，人若是不坦然、不平淡，今后就不太容易顺利了。我们人生的结果,都是自己选择的结果,一切自作自受。当真正明白了生命的道理,看懂了人生的真相,我们就会以苦为乐、苦中作乐、自得其乐;让自己和孩子,在苦难的人生中经风雨、受历练,让个体生命洋溢着喜乐、充满着力量、闪烁着智慧。

> 人的一生,摆在我们每一个人面前,都有两杯水。一杯是甜水,一杯是苦水,先甜,将来会苦;先苦,以后会甜。

有助心灵觉醒与人生欢喜的参阅书目

一

1.《遇见未知的自己》
2.《找回您的生命礼物》
3.《与神对话》
4.《心灵的秘密》
5.《宽恕就是爱》
6.《生命的功课》
7.《当下的力量》
8.《修好这颗心》
9.《灵性的觉醒》
10.《新世界：灵性的觉醒》

二

11.《活着，为了什么？》
12.《你快乐吗？》
13.《终极之问》
14.《空性之舞》
15.《创造丰盛》
16.《告别娑婆》
17.《快乐密码》
18.《奇迹课程》
19.《一念之转》
20.《这辈子，你该做什么？》

三

21.《我是谁》
22.《零极限》
23.《全盘接受》
24.《觉醒之旅》
25.《念力的秘密》
26.《前世今生》
27.《你就是世界》
28.《做自己的先知》
29.《个人实相的本质》
30.《冥想的艺术》

四

31.《正见》
32.《内观》
33.《一味》
34.《自我观察》
35.《没有疆界》
36.《呼吸之间》
37.《人间是剧场》
38.《活在时间之外》
39.《让幸运找上你》
40.《西藏生死书》

五

41.《遵生八笺》
42.《我心医我病》
43.《问中医几度秋凉》
44.《不生病的智慧》
45.《求医不如求己》
46.《思考中医》
47.《病从寒中来》
48.《水是最好的药》
49.《健康全书》
50.《内证观察笔记》

六

51.《婚姻书》
52.《感情经济学》
53.《爱欲修道院》
54.《为爱修行》
55.《心灵之约》
56.《寻爱法则三步曲》
57.《灵性亲密关系》
58.《亲密关系的重建》
59.《爱是一切答案》
60.《超越死亡;恩宠与勇气》

七

61.《智慧书》
62.《沉思录》
63.《保富法》
64.《正能量》
65.《了凡四训》
66.《天下父母》
67.《财富吸引力法则》
68.《积极心态的力量》
69.《愿力的奇迹》
70.《被禁止的历史》

八

71.《哲学的邀请》
72.《四书道贯》
73.《科学禅定》
74.《国学的天空》
75.《经传诸子语选》
76.《这个世界的真相》
77.《宇宙密码》
78.《外星人就在你身边》
79.《小女生职场修行记》
80.《被禁止的科学》

九

81.《论语别裁》
82.《孟子趣说》
83.《老子的帮助》
84.《禅说庄子》
85.《亲历宗教》
86.《易经的智慧》
87.《明心宝鉴》
88.《重回王道》
89.《原本大学微言》
90.《生命与意识的省思》

十

91.《佛法修证心要》
92.《关于这颗心》
93.《佛法即活法》
94.《世界是心的倒影》
95.《我执、我在》
96.《禅无境界》
97.《维摩诘的花雨满天》
98.《光明大手印》
99.《谁设计了宇宙？》
100.《爱上生命中的不完美》

注：上述书单有兴趣的读者，可以上各大购书网站去买自己想读的书。家有书香气自华，一切因您而变。

人为什么活着

查看百度指数，每天在百度上有四百多人搜索"人为什么活着"这个问题，有三百多人搜索"人活着为了什么"，另外还有许多相关的词，加起来估计每天最少有几千人在百度上问这个问题。

但是，在网上一直找不到很好的答案。

我一直认为："大道至简，简而能全！"所以，每个人都应该敢于蔑视权威，直视真理。搞不明白的就不要相信，不然你容易被忽悠，被洗脑，最后变成一个机器人，被无形的力量推着向前，碌碌忙忙，毫无所获。

那么人为什么要活着呢？

我喜欢采用逆向思维，不一定正确，不一定适合每个人，仅仅供大家参考，仅当抛砖引玉，希望能够给大家一些启发。

那么，我们就要分析一下：活人和死人有什么区别？

最本质的区别有两点:

1. 呼吸:人活有呼吸,彻底没呼吸人就死了。所以古话讲,人活一口气!但是,每个人的呼吸都是不一样的,从一个人的呼吸状态,就可以看出一个人的身体能量状态。吸气浅的人,身体精神都较弱;呼吸深的人,精神身体都较强。

你可以了解一下所有的修炼方法,武术、瑜伽、气功、体育锻炼等等,调整呼吸都是至关重要的,一个人通过调整呼吸,就可以逐步改变身体能量状态。

呼吸驱动着人体能量的运转和外界的交互,所以呼吸的背后是能量!

2. 感觉:活人有感觉,彻底没感觉人就死了。例如有人想成为亿万富翁,其实他要的是成为亿万富翁之后生活的感觉,有人想幸福,要的是幸福的感觉。

但是呢?

还有一种现象就是你实现目标之后的感觉和你想象的天壤之别。例如,一个人在还是无名小卒时想成为明星和富翁,因为他看到了明星和富翁表面的光鲜,于是努力去奋斗了,到了真正实现之后,可能发现了随之而来的无数的烦恼压力和意想不到的问题,以及身不由己。于是发现和自己当初想象的天壤之别,结果呢?可能很失落,可能很茫然,可能寻找更高的目标去找自己需要的感觉。

人用感觉来感知周围事物传递给自己的信息,所以感觉的背后就是信息!

所以人活着,我个人认为就是为了呼吸和感觉。

呼吸和感觉的真正目的，就是为了获得更多的能量和信息！

能量和信息在古代，有另外一个大家熟知的称呼，那就是气灵。

气：能量的储存和传递状态。

灵：信息的储存和传递状态。

其实，整个宇宙也是能量和信息组成的。

道德经中有一句话：道生一，一生二，二生三，三生万物。

要这正理解透这句话，还必须知道另外一句古话：一体生二相，二相为阴阳，阴阳化合生气灵，气灵相感而有形。

关于"一"，宇宙本来就是一体的，层层包含无始无终。

关于"二"，人要认识这个宇宙，必然要做出分别。于是：有了上，就有了下；有了左，就有了右；有了善，就有了恶；有了好，就有了坏……这一切，有一个统一的叫法，那就是：阴阳。

关于"三"，

什么是"三"呢？

"三"怎么生万物呢？

古话讲：遇三则变！

为什么呢？阴阳交替，则生变化。

所以八卦中的爻字就是两个义。

三是一个动词，阴阳化合的意思。

阴阳化合生气灵，也就是说阴阳交错变化，就有了能量和信息！

那么，宇宙可以说就是能量和信息组成的，宇宙中的一切，都是能量和信息组合的不同状态。

阴阳交错，一共会有五种状态：

1. 阴阳平衡：土　2. 阳多阴少：木

3. 阴多阳少：金　4. 太阳：火　5. 太阴：水

这就是五行，五行不是五种物质，而是能量和信息相互感应变化出的五种状态。因为宇宙中的一切都是由能量和信息组成的，那么所有的一切都具有五行的属性。

在《黄帝内经》中，出现"五藏""五脏"两个词，"五藏"是指看不见的那套器官的能量；"五脏"是指身体的器官。经书中多用五藏，说明中医治病，多是从看不见的那套系统入手的。

五行、五藏、五情、五方、五色、五音之间的对应关系，如下：

五行	五藏	五情	五方	五味	五色	五神	五音	五官
金	肺	悲	西	辛	白	魄	徵	鼻
木	肝	怒	东	酸	青	魂	羽	眼
水	肾	恐	北	咸	黑	精	商	耳
火	心	喜	南	苦	红	神	角	舌
土	脾胃	忧	中	甘	黄	意	宫	嘴

因为万事万物都是由能量和信息组成的，能量和信息相互作用演化出五行属性，所以万事万物逃不出五行，还有更多的五行对照关系，这类就不一一列出来了。

能量和信息在传递过程中都是以波的形式在传递的；

波有一个共振原理：同频共振！

也就是说，你自身的能量和信息越强，你吸引来的对应频率就越多！

这也就是心想事成的原理，你想要获得什么，需要把你的思想频率调整到那个对应的状态，身体能量调动起来去行动，用不了多久就实现了。

灵动则生，气运则发！

这就是一切术数的根源！

那么，想要获得更好一些，就需要拥有更多的能量和智慧，如何获得更多的能量和智慧呢？野蛮体魄，文明精神！

最简单的入门方法，一、锻炼深呼吸：内家拳、瑜伽等等都有许多方法，找适合自己的。二、做事找感觉：用心去做事，找到做事的乐趣，感觉自然越来越好。

话说：人生如戏！

被动去演，演看起来再牛的角色你也不会快乐！

主动去演，演什么样的角色你都会特别的有感觉！

王通　（个人博客：www.ufoer.com）

文章初稿完成于 2012 年底，修改于 2013 年 7 月

编后记

从收到《病由心灭》的书稿到今天付印,大概有4个月。看了一下和王茹女士的QQ聊天记录,是从3月18日开始探讨如何使它通过选题并开始规划设计这本书的外在形式。最初是想依照《心灵鸡汤》的功能,《秘密》的外观和《病由心生》的理念,来打造我们这本纯粹本土的修心养生书。上述几本书均为引进版的畅销书,在国内也创下了不凡的销售业绩。

本书主旨是:心情影响健康,通过调整心情,理解社会,人生,命运,进而修养性格,反求诸己,安时处顺,以达到祛除疾病改变命运的目的。东西方谚语都讲性格即命运,作者从人的心情与性格,性格与命运的关系入手,认为人们可以通过消除不良情绪,涵养性格,做到正气充足,公心忘私,从而使生命安和,生活也会幸福顺利。但我需要"从形式上弱化一下作者原来看似有宿命色彩的话",提出"明显相信生命轮回和报应的内容也会去掉"。"应该听听作者的意见。他如同意我就像刀斧手大段地删节那种与我们的上层建筑辩证唯物主义世界观相悖的语句。""劝世的都保留,我只是把明显决断地唯心迷信说去掉。""和作者说一下,他如同意我就改。"这些征询得到肯定答复后,便开始弄体例,初步分出了原理篇,方法篇和具体疾病的参疗法篇。并把文中妙语箴言置于眉批上。最后成书如此其实很是惭愧,因时间关系,改得确实有些随机和权宜。

　　图书出版是有遗憾的艺术。原书有很多作者独到的妙论,特别是有关自然力的概念和心情特质的论述,对生命根本问题的阐释,限于篇幅只能暂时拿掉;本书第三部分最初的书稿采用问答的形式,从方方面面解决人们工作家庭社会经济生活中不能释怀的烦恼和困境。无论从解说的方式还是行文流畅方面,都是面前这个断章阙如的版本远不能相比的,期待将来有机会全本面世,对沉湎纠结于人生烦恼的人或有醍醐灌顶的效果。

　　《病由心灭》我看了足有六遍,作为一个读者,有什么心得和体会呢?我首先庆幸与本书结缘,且由于自己40岁的年纪和阅历使我没有当面错过。虽则作者行文的口吻像一个"人类"大家长——请容许我这样形容,口气那么不厌其烦,那么不厌其详似在说教行道,可我一直在低眉微笑着倾听,听进去的感受却是那么的温暖和亲切。

作为一个编辑，我为什么能如此欣然迫切地愿意推荐给更多的读者呢？因为这本书增加了我的幸福感和理解力。如果说语言是她的外貌，内容是心灵的话，我的愚力不能把书的外形与其美丽心灵变得匹配。

我愿意赠送给我爱的人这本书。

而且，我还要说，假如20岁时候的你，遇到这本书，那么你所追求的公平，真理，正义这些具有普世价值的东西，与此或相冲突的话，也不要迷惑。黑格尔说，一切存在的东西都是合理的。年轻人要学会试着变换角度地看问题，设身处地地为人着想，用书中所宣讲的仁爱善性包涵一切，化解一切。

我愿更多的人结缘这本书，深者得其深，那些纠结和纠缠在同事、朋友、亲人、爱人，各种人际关系中不能解开的矛盾都一一化解，增添人生的福慧，让阳光布满心灵的每个角落，心中莲花自在开放。

中国戏剧出版社　黄艳华
2013年7月

跋

　　三羌文化只出版两类书，一类是有价值的书，即使不赚钱也会出版；另一类是畅销书，传递更多人喜闻乐见的知识。我们做《病由心灭》并不是因为它可能会畅销（这本书的手稿曾经在民间传播复印达5万册之多），而是因为它的价值。

　　《病由心灭》针对常见疾病成因进行了心灵层面的解读，书中又包含了事业、爱情、子女教育方面的理论，参悟方法的指导。帮助我们清扫心灵垃圾。每个人的疾病，都是由自己的心生的，心影响着人的性格，性格决定着人的命运。

　　我们认为，有价值的东西不传播出来，对全社会来说，都是一种损失。为了让更多的人了解这本书，三羌文化决定将《病由心灭》变成一本通俗易懂的畅销图书，重新出版上市，让更多的朋友与这本图书结下善缘。

《病由心灭》的作者，是位世外高人，当我看到《病由心灭》中一段话时，我特别震撼，那就是：心情可以导致生病。

我自己颈椎不好，从高三就感到有些不舒服，全是高考惹得祸。一方面是因为坐姿不对；另一方面因为我表面是温和的人，而内心却是争强好胜，喜欢与自己较劲，做一件事情必须做到最好。后来事情多了，自己变得焦虑起来，浮躁起来。这本书帮我找到了答案，并让我通过行动，去改善，从而拥有更加健康的身心。

我认为图书最大的价值：第一，传播知识和思想；第二，让人行动起来，积极改变自己，获得一个智慧人生。

这本图书策划了将近5个月时间，非常感谢朋友们的大力支持和帮助。图书从原来30万字精炼到目前15万字，变得更加通俗易懂，并且挑选出很多精华句子单独分享出来。

在此特别感谢中国戏剧出版社黄艳华老师，她是这本图书责任编辑，为这本图书付出很多心血。同时特别感谢人民大学焦国成教授在百忙之中为本书写序言。感谢黄镜行先生为本书的默默付出和大力支持。另外感谢图书排版和设计人员：董艳敏、寇寇。

再次特别感谢明和师兄的大力支持。这本图书是一本善书，特别高兴结识了很多善缘，明和师兄说：《病由心灭》是一本功德无量的图书，值得好好推广，让更多的人受益。

最后感谢本书的作者，尽管他非常低调，感谢他对三羌文化的信任，全权交给我们来策划。

三羌文化，将出版更多有价值的图书，如果您喜欢这本书，请关注微信，得到我们更多消息。

图书策划人 王茹

2013 年 7 月于北京中鼎大厦